실무자를 위한
고해상
해양 지구물리탐사

Marine Geophysics

실무자를 위한
고해상
해양 지구물리탐사

김대철 · 김길영 · 서영교 · 이광수 지음

한국학술정보㈜

머리말

　삼면이 바다로 둘러싸인 우리에게 바다는 더 이상 공포나 극복의 대상이 아니며 하늘이 우리에게 준 엄청난 축복이다. 좁은 국토에 인적자원을 제외하고는 변변한 육상자원이 없는 상황에서 우리를 둘러싸고 있는 바다는 또 하나의 영토이며 자원의 보고이기도 하다.

　정부는 2016년까지 세계 5위의 해양력(Ocean G5)을 갖추는 것을 목표로 하고 있으며 기후변화, 항만과 항로확보 문제, 해양공간, 해양지명, 해양지리정보, 해양토목 수중고고학 등 바다에서 얻어야 할 정보는 아직도 무궁무진하다. 육지면적의 4.5배에 이르는 해양영토의 관리, 해양국방 등 국익과 관련하여 바다에 대한 더욱 더 정밀한 자료획득의 필요성이 대두되고 있다.

　물로 채워진 바다를 탐구하려면 당연히 과학적인 장비가 필요하다. 육상에서도 지하에서 일어나는 일을 알려면 탄성파, 중·자력 등 지구물리학적 연구방법과 장비가 필요하다. 눈에 보이지 않는 수중의 상황을 알려면 선박(연구조사선)이 필요하고 각종 해양지구물리 측정장비와 해저퇴적물 시추장비 등이 필수이다. 국내의 많은 대학, 연구기관, 국가기관에서 해양지구물리탐사를 수행하고 있지만 그러한 사업에 참여하는 인력들을 체계적으로 양성하는 시스템이 의외로 약하고 관련인력의 재교육도 제대로 되어 있지 않다. 인력양성은 대학이 일차책임을 지고 있는데 고가의 해양조사 장비를 갖추는 데 필요한 예산 등의 문제점도 있지만 제대로 강의할 교재가 부족했던 점도 이유의 하나이다. 따라서 연구소, 국가기관, 지방자치단체, 산업체 등에서 새로 인력을 충원하면 장비 운용, 자료취득, 해석 등의 교육을 우선적으로 해야 하는 경우도 많았다.

본 교재는 해양지질과 해양지구물리 관련 자료와 시료의 취득, 처리, 해석 등에 관한 기본적인 지식을 습득할 수 있도록 하는 목적으로 출간되었다. 심부탄성파의 경우는 기존에 출판된 자료들이 많은 관계로 제외하였다. 대학에서 해양 관련 공부를 하는 학생, 연구기관의 연구원, 해양 관련 산업인력들에게 본 교재가 실무적으로 도움이 되도록 구성하였으며 이를 위하여 한반도 주변 자료를 가능한 한 많이 수록하였다.

이 책은 장비 매뉴얼은 아니며 해양장비의 특성상 유사한 성능을 가진 다양한 회사의 장비가 있지만 저자들이 현재 사용하고 있어서 익숙한 장비 위주의 설명으로 되어 있는 부분이 많은데 이는 특정회사의 장비를 선전하고자 함이 아닌 점을 밝힌다.

바닷물은 국경이 없지만 바다에는 엄연히 국경이 존재한다. 아무쪼록 이 책이 해양지질이나 지구물리를 이해하는 데 조금이나마 도움이 되어 우리의 바다를 지키고 국위를 펼치는 데 필요한 인재양성에 일조할 수 있기를 기대한다.

2012년 2월
저자일동

차 례

서론 - 해양장비 발달사

01

1.1 항법장치

기록으로 남아 있는 항해는 기원전 1200년 전경에 페니키아인들이 지중해를 건너 영국과 서아프리카까지 진출했던 것이다. 그보다 앞선 기원전 3000년 전부터 폴리네시아인들이 서남아시아에서 태평양을 가로질러 피지, 통가, 이스터 섬들을 발견했으며 약 1500년 전에는 적도를 가로질러 하와이를 발견하여 정착하기도 하였다. 뛰어난 항해사였던 이들은 바다 색깔, 냄새, 해류, 별 등을 이용하였던 것으로 알려져 있다(이 등, 2006).

중세 유럽의 발견의 시대를 선도한 15세기 포르투갈의 항해 왕 헨리 왕자의 배들은 이미 오래전(기원전 4세기) 중국인이 발명한 나침반을 이용하여 항해를 하였다. 옛날의 탐험가들은 별의 각도를 재서 위도를 측정하고 시계를 이용하여 경도를 계산하였다.

17세기 말에 폴란드에서 개발된 육분의(sextant)는 목표의 각도를 측정해서 위치를 계산하는 장치로서 항법장치의 가격이 부담스러운 소형 선박 등에서 20세기까지도 사용되기도 했다. 그 후 데카(Decca), 로란(Loran) 등 전자장치를 이용한 항법장치가 사용되다가 위성을 이용한 위성항법장치(GPS)가 천하통일을 했으며 해양조사 등의 목적에는 보다 정밀한 DGPS가 사용된다.

1.2 음향측심기

음향측심기(echo sounder)는 가장 기본적인 해양관측장비로서 해양탐사는 물론 항해에도 필수적인 장비이다. 최초의 연구를 위한 수심측량은 기원전 85년에 그리스의 포시도니우스가 밧줄에 돌을 매달아 지중해의 수심 약 2km 정도를 잰 것이다. 해양을 연구영역으로 격상시키고 해양학이라는 학문을 태동시킨 챌린저 탐사(Challenger Expedition: 1872~1876)에서도 줄과 추를 이용하여 측심을 하였다. 이 탐사에서 과거에 비해 유일하게 향상된 것은 윈치에 증기기관 동력을 사용했다는 점이었다(이 등, 2002). 하지만 이 원시적인 측심 방법으로 492곳의 수심을 재어서 그전에 모리(Maury)가 발견했던 중앙대서양산맥의 존재를 확인하는 성과를 올리기도 했다.

1912년에 타이타닉의 비극이 있은 후에 측심의 중요성이 커져 피센덴(Fessenden)이 빙산탐지와 음향측심을 동시에 할 수 있는 장비를 개발하였다(Iceberg detector and echo depth sounder). 빙산을 탐지하려면 음파를 수평으로 발사하고 수심을 재려면 하부로 발사해서 돌아온 시간을 측정하는 방식이었다(이 등, 2006). 음향측심의 원리는 음파를 발사하여 해저면에서 반사되어 돌아오는 왕복시간(two-way travel time)을 측정하고 해수에서의 평균 음파전달속도(1500 m/s)를 이용하여 수심을 계산하는 것이다. 그 후 1922년에 미 해군의 스튜어트 호(USS Stewart)가 음향측심기로 연속 측심 자료를 얻기도 했다.

최초로 음향측심기를 이용한 본격적인 측심은 1925년 독일의 해양탐사선 메테오 호(Meteor)에 의한 대서양 탐사였다. 음향측심기의 개발로 측심의 부정확성 문제의 해결과 더불어 정점 측심자료 획득에서 연속적인 선측심으로 엄청난 발전을 가져왔으며 탐사비용도 크게 개선되었다.

해양조사선의 경우는 보다 정밀한 정밀음향측심기(Precision Depth Recorder: PDR)를 이용하여 측심을 한다. 이 장비는 제2차 세계대전 중 대잠전의 필요성에 의해 개발되었는데 1950년대에 이르러서는 해양조사선에 본격적으로 도입되기 시작하였다(Kennett, 1982). 또한 빔의 폭을 2~3° 정도로 좁게 해서(narrow-beam echo sounder) 울퉁불퉁한 해저면에서의 난반사에 의한 오차를 감소시켜 정확도를 향상시켰다.

선측심 위주의 일반적인 단일빔음향측심기(Single Beam Echo Sounder: SBES)에 비해 다중빔음향측심기(Multi Beam Echo Sounder: MBES)는 100개 이상의 음파를 발신시켜 해저면을 스캔할 수 있어서 해저 측량에는 필수적인 장비이다(강 등, 2002). 심해용과 천해용으로 구분되어 있으며 수심, 해저지형 그리고 대략이나마 구성물질을 알아낼 수 있다(Trugillo and Thurman, 2010). 최초 모델인 Seabeam은 최대 60km에 달하는 해저지형을 관찰할 수 있도록 설계되었다.

1.3 사이드스캔소나(Side Scan Sonar)

사이드스캔소나는 광범위하게 해저면을 관찰하는데 이용되며 해도작성에도 이용되지만 해저에 노출된 물체를 찾는데 많이 이용된다. 수중고고학 연구에 필수적인 장비이며 침선 조사, 해저파이프라인 탐사, 항만준설, 인공어초 관찰, 기뢰탐지 등 산업적, 군사적으로 많이 활용되는 장비이다. 타이타닉의 잔해도 심해용 측면주사음향탐지기의 성과 중 하나이다.

심해용과 천해용이 있으며 심해용을 이용하여 얻어진 해저지형 자료 등은 해군에서 활용도가 높다. 대표적인 모델이 SeaMARC(Sea Mapping and Remote Characterization)과 GLORIA(Geological Long Range Inclined Acoustical Instrument) 등으로서 연구소, 대학, 산업체의 공동작품들이 많다(Trugillo and Thurman, 2010).

사이드스캔소나는 조사선이나 잠수함에서 예인하는 형태도 있고 배의 하부에 부착하기도 한다. 주파수는 100~500kHz를 가지며 목적(수심)에 따라 원하는 주파수의 장비를 선택한다. 최초 개발자 중 한 사람인 독일 출신의 하게만(Hagemann) 박사는 2차 세계대전 후 미국으로 이주하여 미해군의 기뢰탐지부서에서 기기를 개발하였으나 군사기밀로 분류되어 상업적 이용은 할 수 없었다. 이와는 별도로 1950년대에 들어와 스크립스해양연구소, MIT 등에서 시험개발을 하였다. 비슷한 시기에 군사용 목적의 사이드스캔소나가 개발되기 시작하여 1990년대에 이르기까지 바다에 유실된 수소폭탄이나 침몰된 러시아 잠수함을 찾는데 주로 사용되었다(Wikipedia).

최초의 상용제품은 1960년대에 단수 채널로 개발되었으며 개발팀을 이끈 클라인(Klein)이 1963년에 복수 채널 장비를 실용화시켰다. 사용범위가 넓은 장비인 관계로 제조사도 많은 편인데 Klein Associates, Raytheon, Northrop Grumann, Edge Tech, Reson, Benthos, Kongsberg, Geoacoustics, Sonatech 등 국내외 회사들이 참여하고 있다.

퇴적물 채취 및 분석

02

해양에서의 퇴적물 채취는 해수라는 독특한 매질로 인한 정보전달의 어려움과 수심에 따라 증가하는 수압(10m당 1기압), 그 외 해양기상과 해저퇴적물의 특성 등 다양한 요소에 의한 장벽이 존재하고 있다. 최근에는 이러한 어려움을 극복하면서 퇴적물을 채취할 수 있는 다양한 장비가 개발되고 있다.

해양퇴적물의 해양지질학적 분석은 가장 기본이 되는 조직에서 물리적 성질(이하 물성)에 이르기까지 목적에 따라 분석항목 및 방법이 다양하다. 물성은 그 자체로도 중요한 의미를 가지고 있지만 탄성파 탐사 및 탄성파를 이용한 층서 해석의 관점에서 보면 기존에 이미 알려진 암상이나 퇴적층과의 대비에 매우 유용한 연구수단으로 활용된다. 따라서 고해상 지구물리탐사자료의 해석을 위해서는 물성자료의 분석이 필요하다. 또한 물성자료는 퇴적물의 기원지, 침식과정, 퇴적 시의 해양 및 기후조건과 같은 퇴적환경과 퇴적 후의 다져짐 작용이나 고화작용과 같은 속성작용 등에 의해 변화될 수 있는 퇴적물 조성의 지시자로서도 이용되고 있다. 특히 코어절개 전에 측정하는 코어검층(core logging)은 퇴적물의 물성을 고해상도로 빠르고 쉽게 측정가능하기 때문에 고환경의 해석이나 퇴적과정을 유추할 수 있는 수단으로 활용되고 있다. 이외에도 퇴적물의 물성자료는 수중음향학, 해양공학, 해저 지질공학 및 해양토목학 분야 등 공학적인 측면에서도 활용가치가 높다.

이러한 여러 가지 이유 때문에 선진국에서는 퇴적물의 물성에 대한 연구가 활발히 진행되고 있으며, 특히 미국에서는 해군의 전략적인 측면에서 ONR(Office of Naval Research)을 중심으로 연구소 및 대학 간의 공동연구를 통하여 퇴적물의 물성 및 음향에 대한 연구를 지속적으로 수행하고 있다. 심해저시추기구(Deep Sea Drilling Project: DSDP)나 그 후속

프로그램인 해저지각시추프로그램(Ocean Drilling Program: ODP, Integrated Ocean Drilling Program: IODP)에서는 모든 시추 코어에 대하여 연속적으로 물성자료를 취득한다.

2.1 퇴적물 채취 방법

2.1.1 드레지(dredge)

드레지(그림 2-1)는 심해의 저층에 깔려 있는 퇴적물이나 광물, 특히 망간단괴와 같은 광물을 채취할 때 사용하는 것으로 해양생물분야에서는 저서생물을 채집할 때도 이용된다. 드레지의 중량은 보통 10kg 내외이나 목적에 따라 다양하게 만들 수 있다. 일반적으로 암반용일 경우 더 큰 드레지를 이용한다.

〈그림 2-1〉 드레지(www.greenpeace.org)

A Clamshell Sediment Sampler

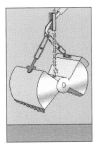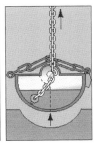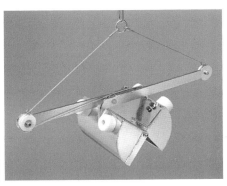

〈그림 2-2〉 그랩(Clamshell: http://www.jochemnet.de/fiu/OCB3043_35.html,
KC box corer: www.kc-denmark.dk)

2.1.2 그랩(grab)

그랩(그림 2-2)은 보통 그랩채니기(grab sampler)라고 하는데 주로 해저 표면의 한정된 지점에서의 퇴적물이나 저서생물을 채취하는 장비다. 드레지에 비해 채취위치가 정확하며 층서적으로 안정된 덜 교란된 시료를 채취할 수 있다. 그러나 대부분의 경우 표층 십수cm를 제외하면 교란되는 경우가 많다. 채취가능 깊이는 수cm에서부터 수십cm까지로 그랩의 크기에 좌우된다. 따라서 대부분의 그랩은 작업자가 수동으로 운용할 수 있을 정도의 무게와 크기로 이루어져 있다.

2.1.3 주상시료 채취기

주상시료는 해저표층에서부터 수직적인 시료를 채취하는 장비로서 일반적으로 중력 시추기(gravity corer)와 피스톤 시추기(piston corer)가 있으며, 최대 20m 내외까지의 시료를 채취할 수 있다.

중력 시추기(그림 2-3)는 코어캐쳐(core catcher), 코어배럴(core barrel), 추(weight), 라이너(liner) 등으로 구성되어 있으며 선박에서 시추기를 하강하다 일정 수심에서 자유낙하하여 시추기의 자체 무게에 의해 퇴적물 속으로 침투할 수 있도록 함으로써 수직적인 시료를 채취하는 장비다. 이는 주로 니질 퇴적물에 국한되며 시추기의 무게에 의해 어느 정도 좌우되지만 수m 정도만 채취 가능하다.

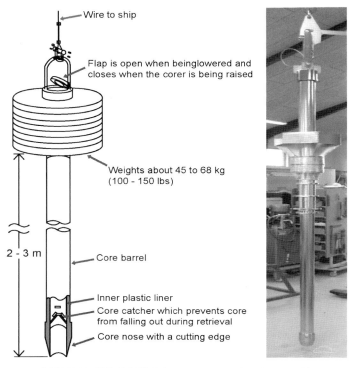

Wire to ship

Flap is open when beinglowered and
closes when the corer is being raised

Weights about 45 to 68 kg
(100 - 150 lbs)

2 - 3 m

Core barrel

Inner plastic liner
Core catcher which prevents core
from falling out during retrieval
Core nose with a cutting edge

〈그림 2-3〉 중력 시추기(KC box corer: www.kc-denmark.dk)

　　피스톤 시추기(그림 2-4)는 중력 시추기에 비해 더 길고 덜 교란된 수직시료를 채취할
수 있는 장비로서 코어배럴 내부에 피스톤(piston)이 장착되어 있는 게 특징이다. 이 장비
는 시추기가 하강하다 일정한 깊이, 즉 추 혹은 release weight (그림 2-4의 ⑦)가 해저면에
도달하게 되면 조정간(trigger arm)이 풀리면서 코어배럴이 일정거리를 자유낙하 하여 시
추기가 퇴적물 속으로 침투하게 되고 동시에 코어배럴 내부에 있는 피스톤이 상부로 이
동하면서 라이너 속에 퇴적물이 채취될 수 있도록 고안된 장비다. 피스톤 시추기의 장점
은 수심이 깊어도 교란되지 않고 비교적 긴 코어시료를 채취할 수 있다는 장점이 있다.
이 장비도 중력 시추기와 마찬가지로 니질퇴적물이 우세한 곳에 효과적이며 사질일 경우
표면이 단단하여 코어배럴이 침투하기가 힘들 뿐 아니라 채취된 후에도 일부가 흘러내릴
수 있어 교란되지 않은 긴 코어를 채취하기는 쉽지 않다. 또한 피스톤 시추기의 경우 시
추기가 투입되면서 니질이 우세한 상부층(수십cm)이 교란되어 제거될 수 있어 최상부층
의 시료를 획득하기는 쉽지 않다. 피스톤 시추기에 의해 채취된 시료는 주로 후 제4기에
서 홀로세 동안의 퇴적역사를 연구하는 데 많이 이용된다.

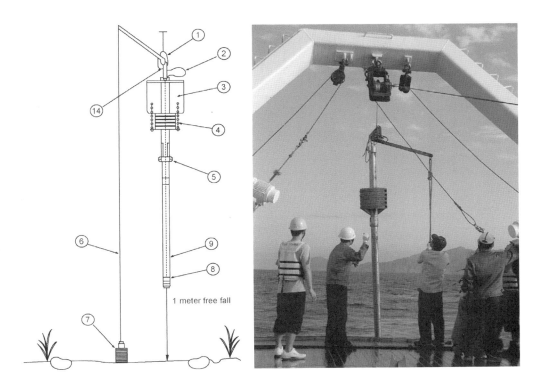

① Heavy duty releaser ② Wire ③ Main rack ④ Weight ⑤ Bottom of main rack ⑥ Rope ⑦ Release weight
⑧ Piston ⑨ Core barrel(tube) ⑩ Release arm

〈그림 2-4〉 피스톤 시추기

2.1.4 상자형 시추기(Box corer)

 일반적인 주상시료 채취기(중력 시추기, 피스톤 시추기 등)는 채취 시 상부층이 교란되어 제거되는 경우가 많기 때문에 최상부층의 시료를 채취할 수 있도록 고안된 장비가 상자형 시추기이다(그림 2-5, 2-6). 상자형 시추기는 크기에 따라 다르지만 대부분 20~30cm의 너비에 50cm 내외 길이의 시료를 채취할 수 있다. 지름이 크기 때문에 퇴적물 구조에 교란이 거의 없고 피스톤 시추기로 시료채취가 힘든 견고한 모래 바닥에서도 시료를 채취할 수 있다. 상부에는 해저 퇴적 표면의 다양한 구조가 잘 보존되므로 퇴적구조나 생물 서식 분포를 파악하는데 용이하게 이용된다.

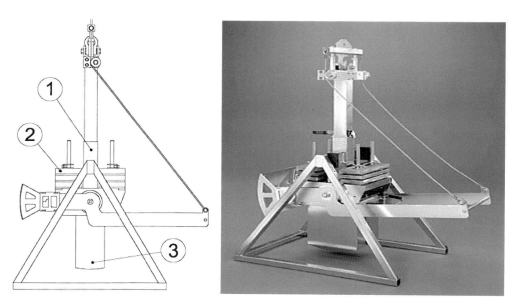

① Frame ② Safety pawl ③ Sample tube

〈그림 2-5〉 상자형 시추기(KC box corer: www.kc-denmark.dk)

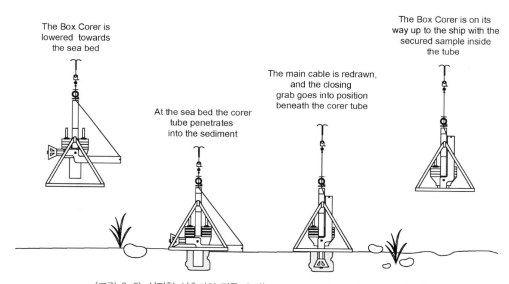

The Box Corer is lowered towards the sea bed

At the sea bed the corer tube penetrates into the sediment

The main cable is redrawn, and the closing grab goes into position beneath the corer tube

The Box Corer is on its way up to the ship with the secured sample inside the tube

〈그림 2-6〉 상자형 시추기의 작동 순서(KC box corer: www.kc-denmark.dk)

〈그림 2-7〉 다중코어 시추기(www.generule.com; www.caml.aq)

2.1.5 다중코어 시추기

다중코어 시추기(그림 2-7)는 주로 화학적, 지화학적 및 생물학적 목적으로 퇴적물을 채취할 때 주로 이용되며 한 정점에서 많은 양의 시료를 교란되지 않게 채취하고자 할 때 주로 사용한다. 작동깊이는 심해 수천m까지도 가능하며, 약 50~60cm 내외의 길이에 4~6개의 시료를 동시에 채취할 수 있다.

2.1.6 진동 시추기(Vibro-corer)

진동 시추기(그림 2-8)는 사질층뿐만 아니라 부드럽고 점착력이 있는 해저퇴적물을 채취하는데 이용되는데 최대 50m 내외 길이의 시료를 채취할 수 있다. 이 장비는 코어배럴에 진동(electrical/hydraulic vibration)을 가하여 배럴이 퇴적물 속으로 침투할 수 있도록 하여 원하는 깊이의 시료를 채취하는 데 이용된다. 조간대지역은 물론 선상 및 바지선 등에서 설치하여 운용할 수 있는데 제조사나 장비의 특성에 따라 다르지만 일반적으로 수심 150m 이내의 경우에 이용가능하다.

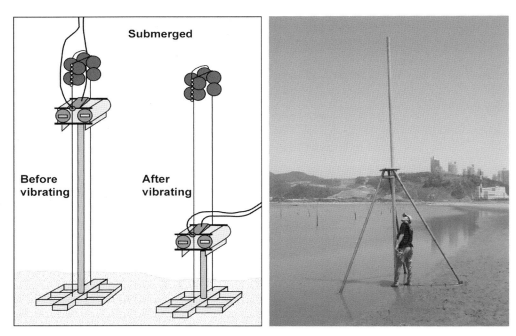

〈그림 2-8〉 진동 시추기(Vibro-corer www.rossfelder.com)

2.1.7 심부 시추

해양퇴적물의 채취는 목적에 따라서 설명한 바와 같이 다양한 장비를 이용하여 채취할 수 있다. 그러나 해저면에서부터 수십m 이하에 존재하는 퇴적물이나 암석을 채취하기 위해서는 이를 위해 필요한 새로운 시스템의 장비가 요구된다. 일반적으로 천해에서 천부 시추를 하는 경우는 주로 해양의 구조물 설치(다리, 파이프라인, 플랫폼 등)를 위해서 해저면 및 그 이하 퇴적물의 지질 공학적 성질을 조사하기 위하여 수행된다. 심해 심부 시추의 경우는 지질 공학적인 목적뿐만 아니라 순수한 지구과학적 목적을 위한 연구를 위해 수행하는 경우도 많다. 그중 가장 잘 알려진 것이 DSDP, ODP, IODP(그림 2-9) 등이다. 물론 석유나 가스, 가스하이드레이트 탐사 등 상업적인 목적을 위해 해저를 시추하는 시추회사도 많다. 심부시추의 경우는 수십m에서부터 수km까지 가능하며 다양한 시추장비를 이용한다.

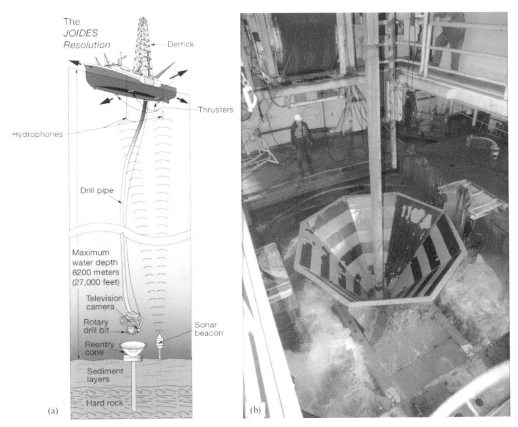

〈그림 2-9〉 (a) IODP에서 실시되는 시추모식도
(b) rigfloor 하부로 입수하기 전의 reentry cone의 장면

　　IODP의 경우 퇴적물의 형태 및 고화정도에 따라 APC(Advanced Piston core), XCB(Extended Core Barrel), RCB(Rotary Core Barrel) 등 다양한 시추 장비(그림 2-10) 및 drill bit를 이용하여 심부 퇴적물을 채취한다. 상부층의 부드러운 퇴적물에서 주로 사용하는 APC의 경우 회수율이 좋으나, 고화된 퇴적물 및 암반에 사용하는 RCB의 경우 회수율이 크게 감소하는 단점이 있다.

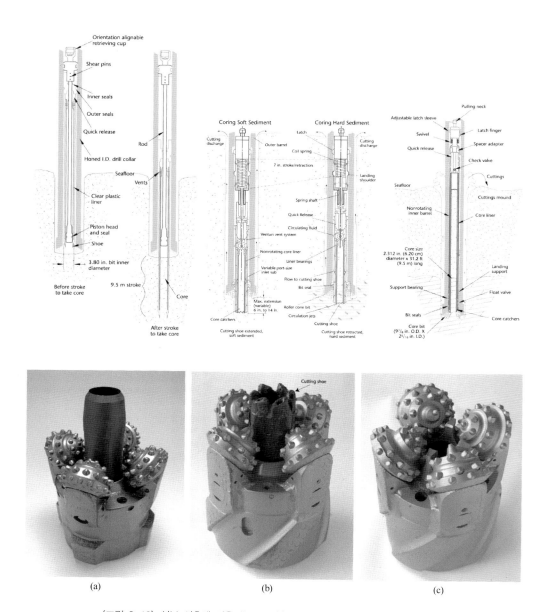

〈그림 2-10〉 심부 시추에 이용되는 APC(a), XCB(b) 및 RCB(C) 코어 및 drill bit

〈표 2-1〉 수심 및 퇴적물 채취 깊이에 따른 퇴적물 채취장비의 예(이 자료는 단지 일반적인 경우임. 장비 및 운용자의 능력에 따라 달라질 수 있음)(PROD: Portable Remotely Operated Drill)

Equipment Description	Maximum Water Depth(m)	Penetration(m)
Deep Drilling from vessels	Unlimited	Unlimited
Rock corer(seabed unit)	200	2~6
PROD seabed drilling/coring	20~2,000	2~100
Basic gravity corer	Unlimited	1~8
Piston corer	Unlimited	3~30
Vibro-corer	1,000	3~8
Box corer	Unlimited	0.3~0.5
Seabed Push-in Sampler	250	1~2
Grab Sampler(mechanical)	Unlimited	0.1~0.5
Grab Sampler(hydraulic)	200	0.3~0.5

2.2 퇴적물 분석

2.2.1 퇴적물 입도

퇴적물 입자는 미세한 먼지(dust)에서부터 암괴(boulder)에 이르기까지 다양한 크기를 보인다. 입도는 퇴적물 입자의 크기를 지름의 숫자로 나타낸 것으로 모래와 자갈의 경우 입도 차이가 너무 커 산술적인 단위인 등배수적(arithmetic) 척도로 표현하기 어렵기 때문에 대수적(logarithmic) 척도로 표현한다. 즉 수십cm 크기의 자갈에서는 1mm의 차이는 미미하나 실트나 점토와 같은 크기에서는 중요한 의미를 가지기 때문이다. 현재 해양지질학에서 가장 널리 사용되고 있는 척도는 Udden(1914)과 Wentworth(1922)의 것을 대수적으로 표현한 것이며 Krumbein(1934)은 이를 로그함수로 변환하여 Φ척도(Φ scale)를 제시하였고

〈표 2-2〉 퇴적물 입자분류표(Udden, 1914, Wentworth, 1922)

구분		입도(mm)	단위(Φ)	구 분		입도(μm)	단위(Φ)
역 질	암괴	256	-8	실 트	조립실트	32	5
	왕자갈	64	-6		중립실트	16	6
	잔자갈	4	-2		세립실트	8	7
	왕모래	2	-1		미립실트	4	8
사 질	극조립사	1	0	점 토	조립점토	2	9
	조립사	0.5	1		중립점토	1	10
	중립사	0.25	2		세립점토	0.5	11
	세사	0.125	3		미립점토	0.25	12
	미세사	0.063	4	콜로이드			14

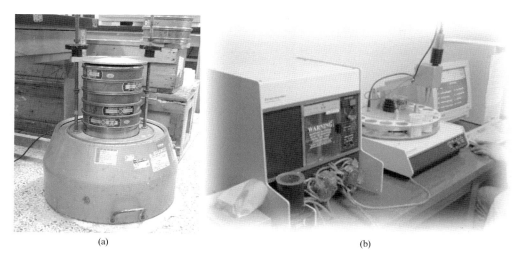

(a)   (b)

〈그림 2-11〉 (a) 조립질 퇴적물의 분석에 이용되는 표준체
(b) 세립질 퇴적물의 분석에 이용되는 자동입도측정기

이를 일반적으로 사용한다(표 2-2).

조립질 퇴적물의 입도를 측정할 경우 자갈과 같이 입자의 크기가 큰 경우는 캘리퍼를 이용하여 직접 장경, 중경, 단경 등을 측정할 수 있고 모래와 실트는 현미경이나 혹은 광학적 방법을 이용하여 입자의 크기를 측정한다. 그러나 모래 입자의 경우 대부분은 표준체(standard sieve)를 이용하여 체분석(그림 2-11(a))으로 한다.

세립질 퇴적물의 입도 측정(그림 2-11(b))은 퇴적입자가 수중에서 침강하는 속도를 측정함으로써 입도를 계산하는 방법이다. 퇴적입자의 침강속도는 스톡스 법칙에 의해 결정된다. 이런 원리를 이용하여 측정하는 방법 중에서 가장 널리 이용되는 방법은 피펫 법(pipette method)이다.

스톡스 법칙에 의한 입도측정방법도 몇 가지 제한점이 있다. 첫째 스톡스의 법칙은 입자가 구형이고 밀도가 일정한 것으로 가정하고 있으나 실제 퇴적물 시료는 그렇지 않으며, 온도도 물의 점성에 영향을 주어 침전속도를 변화시키기 때문에 수온 역시 약 20℃를 유지해야 한다. 둘째, 스톡스의 법칙은 무한한 수층을 통해 하나의 입자가 침전할 때만 유효하기 때문에 입자의 농도가 높을 경우 침전속도가 감소되는 결과가 된다. 따라서 피펫 법을 이용하여 측정 시 시료를 소량으로 해야 된다. 셋째, 세립자 간의 정전기 현상으로 인하여 입자가 서로 뭉쳐 있을 경우 이를 완전하게 분리시킨 후 측정해야 된다. 이를 위해 분산제나 초음파 진동기를 사용하기도 한다.

그 외 세립질 퇴적물의 입도 측정방법으로 전기장치를 이용해서 입자의 부피를 측정하여 입자의 크기를 알아내는 쿨터 계수기(Coulter counter)와 레이저(Laser), 엑스선 등을 이용하여 측정하는 방법들이 있다.

입도분석에서는 입도 외에 퇴적물의 조직값인 분급도, 왜도, 첨도 등에 대한 값을 알수 있다. 그 외 퇴적물의 운반과정, 운반거리, 퇴적환경 등의 해석을 위해 원마도와 구형도 등도 현미경이나 주사전자현미경 등을 이용하여 조사할 수 있다. 퇴적물의 조직값에 대한 분석 및 해석에 대한 것은 기존에 발표된 논문이나 책을 참고하기 바라며 여기서는 분류기준만 제시한다(표 2-3).

〈표 2-3〉 입도분석에서 산출되는 각 조직값의 분류 기준

조직명	분류 기준값의 범위	분류명
분급도	<0.35Φ	very well sorted
	0.35-0.50Φ	well sorted
	0.50-0.71Φ	moderately well sorted
	0.71-1.00Φ	moderately sorted
	1.00-2.00Φ	poorly sorted
	2.00-4.00Φ	very poorly sorted
	>4.00Φ	extremely poorly sorted
첨도	<0.67	very platykurtic
	0.67-0.90	platykurtic
	0.90-1.11	mesokurtic
	1.11-1.50	leptokurtic
	1.50-3.00	very leptokurtic
	>3.00	extremely leptokurtic
왜도	1.00~0.30	strongly fine-skewed
	0.30~0.10	fine-skewed
	0.10~-0.10	near-symmetrical
	-0.10~-0.30	coarse-skewed
	-0.30~-1.00	strongly coarse-skewed

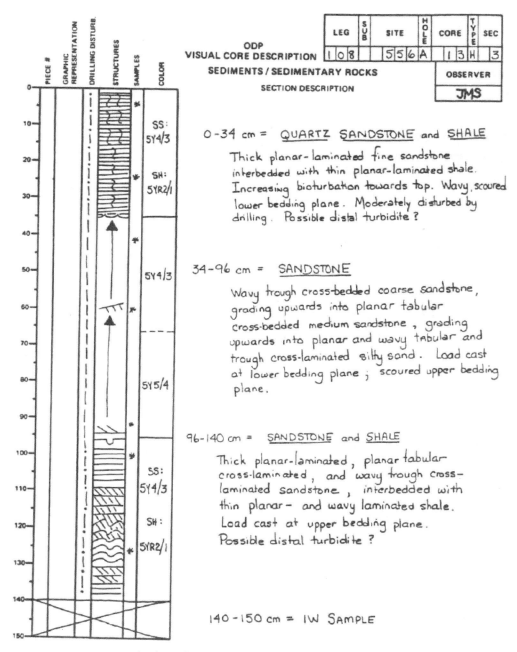

ODP
VISUAL CORE DESCRIPTION
SEDIMENTS / SEDIMENTARY ROCKS
SECTION DESCRIPTION

LEG	SUB	SITE	HOLE	CORE	TYPE	SEC
1 0 8		5 5 6	A	1 3	H	3

OBSERVER
JMS

0-34 cm = QUARTZ SANDSTONE and SHALE

Thick planar-laminated fine sandstone interbedded with thin planar-laminated shale. Increasing bioturbation towards top. Wavy scoured lower bedding plane. Moderately disturbed by drilling. Possible distal turbidite?

34-96 cm = SANDSTONE

Wavy trough cross-bedded coarse sandstone, grading upwards into planar tabular cross-bedded medium sandstone, grading upwards into planar and wavy tabular and trough cross-laminated silty sand. Load cast at lower bedding plane; scoured upper bedding plane.

96-140 cm = SANDSTONE and SHALE

Thick planar-laminated, planar tabular cross-laminated, and wavy trough cross-laminated sandstone, interbedded with thin planar- and wavy laminated shale. Load cast at upper bedding plane. Possible distal turbidite?

140-150 cm = IW SAMPLE

〈그림 2-12〉 절개된 코어 퇴적물 기재의 예(ODP, 1988)

시추퇴적물의 입도분석 시에는 코어의 절개를 위해 코어절단기(core cutter)를 이용하는데 코어시료의 상태 혹은 코어라이너(core liner)의 종류에 따라 갈고리 모양의 칼날형태(hooked slitting blade)나 혹은 전기톱(electric saw)을 사용하여 절개하게 된다. 만약 아주 두꺼운 라이너와 암석시료일 경우에는 두 가지 모두 이용할 수 있다.

절개된 코어는 육안적인 관찰이나 혹은 루페(rupe) 등을 이용하여 코어의 특성에 대한 코어기재(core description)가 수행된다. 이 작업에는 색 대조표(color chart)나 탄산염의 구분을 위해 염산을 사용한다. 코어기재에는 층의 두께, 층의 경사 유무, 퇴적구조나 층리면 등이 포함된다. 특히 코어 채취 시의 교란에 의한 구조인지 실제 자연적인 구조인지를 명확하게 관찰하여 구분해야 한다. 또한 퇴적 당시 혹은 퇴적 후에 생물 등에 의해 변형된 구조인지, 화학적 원인에 의한 것인지도 기록한다. 그 외 내부구조로서 점이층리나 역점이층리, 엽리구조와 두께 등을 기재하고 모래, 실트, 점토 등의 함량을 기준으로 하여 퇴적물 형도 간단하게 구분한다. 코어기재에 대한 자세한 설명은 ODP나 IODP의 보고서(그림 2-12)를 참조하기 바란다.

2.2.2 퇴적물 물성

물성의 이해

물성은 물질이 지니고 있는 고유한 성질로 정의할 수 있다. 따라서 해저퇴적물의 정확한 물성측정을 위해서는 가능한 시료가 교란되지 않고, 채취한 즉시 측정하는 것이 가장 바람직하며 가능하다면 현장의 상태를 유지한 형태로 측정해야만 정확한 물성특성을 알 수 있다.

해양 미고결 퇴적물에서의 물성은 전밀도(습윤전밀도, 건조전밀도), 입자밀도, 함수율, 공극률, 공극비, 전단응력과 퇴적물 속도 등을 모두 의미하나 좀 더 세부적인 특성으로 음향학적 성질에 해당되는 음파전달속도와 음파감쇠는 음향특성으로 구분하여 사용하기도 한다.

일반적으로 해양퇴적물의 물성은 고체입자의 성분과 배열 및 입자 사이의 유체성분에 좌우된다. 물성검층에서 지질학적 및 고해양학적인 과정을 이해하기 위해서는 <그림 2-13>과 같이 단일성분을 고려해야 한다.

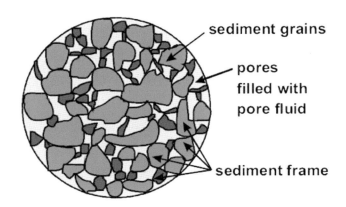

〈그림 2-13〉 해양퇴적물의 성분. 단일입자가 퇴적입자이며 입자 사이의 공극은 유체, 보통 해수로 채워져 있음.
입자들이 서로 연결되어 sediment frame을 형성함.

일반적인 정의에 의하면 퇴적물은 입자들이 서로 모여 있는 것을 말하며 퇴적입자들은 해저에서 느슨하게 퇴적되거나(loosely deposited) 밀접하게 뭉쳐 있거나(closely packed), 혹은 증가하는 상부층의 압력에 의해 다져지며 고화된다. 퇴적입자 사이에 있는 공간(void), 즉 공극(pore)은 공극의 공간을 형성한다. 물로 포화된 퇴적물은 공극수에 의해 채워져 있다. Sediment frame은 서로 밀접하게 연결되어(close contact) 있는 입자나 접합된(welded) 입자들에 의해 형성된다. 이러한 퇴적입자의 형태, 입자배열, 입자크기 분포, 입자의 packing 등이 frame의 탄성과 공극의 상대적인 양을 결정하게 된다.

밀도 및 공극률은 bulk parameter로 정해진 부피의 시료 내에서 고체입자와 유체성분의 상대적인 양에 의존한다. 이는 간단한 volume-oriented model로서 요약된다(그림 2-14a). 그러나 속도나 감쇠 등과 같은 음향 및 탄성특성 등은 acoustic and elastic parameter로서 고체입자와 유체의 상대적인 양과 고체입자의 배열, 모양, 입자크기 등을 포함하는 sediment frame에 좌우된다. 따라서 viscoelastic wave propagation model은 이러한 복잡한 구조를 가정한다. 즉 고체입자와 유체 사이의 상호작용을 고려한 것이다(그림 2-14b). 그 외 공극의 분포 및 모세관현상과 같은 입자 간에 서로 밀접한 관계를 가지는 parameter로는 투수율 및 전기비저항이 해당된다.

Sediment Models

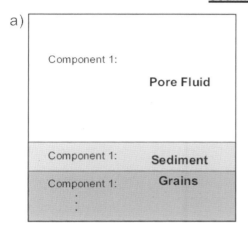

a)

Component 1:

Pore Fluid

Component 1: **Sediment**

Component 1: **Grains**

:
:

Volume-Oriented Model
for Bulk Parameters

b)

Microstructure-Oriented Model
for Acoustic, Elastic and Related
Parameters

〈그림 2-14〉 두 형태의 퇴적물 모델
(a) layered and volume-oriented model (b) microstructure-oriented model

해양퇴적물의 물성을 측정하는 방법은 퇴적물을 이용하여 직접 측정하는 방법과 경험이나 혹은 모델에 기반을 둔 식을 이용하여 간접적으로 원하는 물성값을 결정하고 계산하는 방법이 있다. 만약 경험식을 이용한다면 함축된 가정을 주의 깊게 체크해야 된다. 그 예로 Archie's law(1942)의 방법에서 공극 내의 유체와 포화된 퇴적물의 전기비저항은 공극률과 결합된다는 것인데, 이 경험식에서 지수와 상수값은 퇴적물 형태, 성분, 입자의 크기, 육성 및 생물기원 퇴적물의 종류 등에 따라 다른 값을 가진다. 또 다른 예로 Wood's equation(1942)으로 종파 속도는 공극률과 관련 있다는 것이다. 이 모델은 부유상태의 퇴적물을 가정한 것으로 입자들 간, 혹은 입자와 유체와의 상호작용, 즉 sediment frame을 무시하는 것으로 음향측정에서 zero frequency를 가정한 것이다. 이런 가정은 아주 제한된 높은 공극률의 퇴적물에 유효한 모델이다. 따라서 이 모델을 이용 시 제한사항을 명심해야 한다.

물성을 측정하는 전통적인 방법은 절개된 코어에서 채취한 chunk sample을 이용하는 것이다. 이 방법은 시간이 많이 소요되는 방법으로서 분석 간격을 아주 넓게 가질 때 적용될 수 있는 방법이다. 따라서 코어-코어, 코어-탄성파 자료의 대비로 수mm에서 수cm의 고해상 물성검층자료를 빠른 시간 내 측정하거나 층서목적(예, orbital tuning)의 고해상 물성검층자료를 측정하기 위한 필요성이 대두되면서 비파괴(non-destructive)의 자동검층 시스템 (automated logging system)이 개발되었다. 가장 일반적인 장비가 Multi Sensor Track(MST) 으로 종파속도, 습윤전밀도, 대자율을 측정하는 것으로 ODP 시절부터 JOIDES Resolution 에 설치되어 운용되어 왔다. 상업적으로는 영국의 GEOTEK 제품인 Multi Sensor Core Logger(MSCL)가 있다.

다음에서 물성측정 방법에 대한 가장 일반적인 배경 및 그들의 측정방법에 대하여 간 단하게 기술하고자 한다.

공극률 및 습윤전밀도 (porosity and wet bulk density)

공극률과 습윤전밀도는 해양퇴적물에서 고체입자 및 유체성분의 상대적인 양을 직접 적으로 수반하는 전형적인 bulk parameter이다. 공극률(η)은 시료부피 내에서 공극의 상대 적인 양을 의미하며 퇴적물의 유형(type)에 좌우되는 공극률은 inter-porosity와 intra-porosity 로 나눈다. Inter-porosity는 퇴적물 입자 사이의 공극을 의미하며 육성기원 퇴적물에서 전 형적인 특징이다. Intra-porosity는 석회질 연니 퇴적물에 있는 유공충과 같이 속이 비어 있 는 퇴적물 입자 내에서의 공극을 포함한다. 이런 공극률은 총 공극률에 영향을 준다. 습윤 전밀도(ρ)는 시료부피에 대해 물로 포화된 시료의 질량으로 정의되며 공극률과 습윤전밀 도는 서로 밀접한 관련이 있다(표 2-4).

공극률과 습윤전밀도를 구하는 전통적인 방법은 적은 양의 시료에 대한 무게와 부피를 결정하는데 기반을 두는 방법인 weight-volume method 혹은 moisture and density(MAD)이 다. 해양퇴적물의 경우, 해수로 포화된 것으로 간주하기 때문에 전체적인 부피는 물, 고체 그리고 염분량으로 볼 수 있다(그림 2-15). 따라서 각 함량과의 상관관계가 <표 2-4>와 같 이 정의된다.

물리적 성질을 측정하기 위해서는 시료의 무게 및 부피를 정확하게 측정하여야 된다. 시료의 부피는 최근 몇 개의 회사에서 개발되어 이용하고 있는 pycnometer를 주로 이용한 다. 이는 건조된 시료에 대한 정확한 부피를 측정할 수 있다. 일반적으로 pycnometer에 사 용되는 가스의 종류는 아주 작은 공극 및 틈에도 침투 가능한 초고순도의 헬륨가스를 사 용한다. 주입하는 헬륨가스의 압력은 보통 21psi로 유지해야 한다. 시료의 건조무게는 건 조기에서 110℃에서 24시간 동안 건조시킨 후 측정하며, 시료의 건조무게 및 염분보정은 일반적으로 사용하는 방법(Boyce, 1976)을 따른다. 즉 공극수가 해수인 경우 염분도의

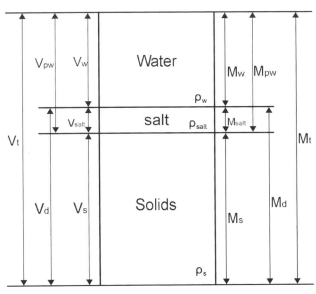

〈그림 2-15〉 해양퇴적물은 해수, 염분 및 고체입자로 구성됨.

〈표 2-4〉 해양퇴적물에서 물성 간의 상관관계를 통한 각 물성값의 계산(Shipboard Scientific Party, 2000)

Measured parameters	Units	Relationships
Measured parameters		
M_t, wet mass	g	
M_d, dry mass	g	
V_d, dry volume	cm^3	
Assumptions		
S, salinity of pore water		S=0.035
ρ_{salt}, density of evaporate salt	cm^3	ρ_{salt}=2.20
ρ_{pw}, pore water density	cm^3	ρ_{pw}=1.024
Calculated parameters		
M_{pw}, mass of pore water	g	M_{pw}=$(M_t-M_d)/(1-S)$
M_s, mass of solids	g	M_s=M_t-M_{pw}
M_{salt}, mass of salt	g	M_{salt}=$M_{pw}-M_t+M_d$
V_{salt}, volume of salt	cm^3	V_{salt}=M_{salt}/ρ_{salt}
V_{pw}, volume of pore water	cm^3	V_{pw}=M_{pw}/ρ_{pw}
V_s, volume of solids	cm^3	V_s=V_d-V_{salt}
V_t, total volume	cm^3	V_t=V_s+V_{pw}
W_t, water content of total mass	%	W_t=$100\times M_{pw}/M_t$
W_s, water content of mass of solids	%	W_s=$100\times M_{pw}/M_s$
ρ,(wet) bulk density	g/cm^3	ρ=M_t/V_t
ρ_d,(dry) bulk density	g/cm^3	ρ_d=M_s/V_t
ρ_s, solid(grain) density	g/cm^3	ρ_s=M_s/V_s
η, porosity	%	η=$100\times V_{pw}/V_t$
e. void ratio	-	e=V_{pw}/V_s

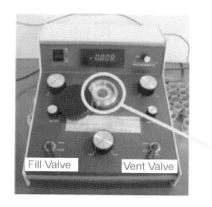

헬륨가스를 이용하여 측정한 시료부피를 통해
공극률, 함수율, 습윤밀도, 입자밀도 등을 산출

시료채취

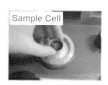
Sample Cell

Fill Valve   Vent Valve

〈그림 2-16〉 시료의 부피 측정에 이용되는 pycnometer의 사진

변화가 크지 않으므로 공극수의 염분도는 35‰, 밀도는 1.024g/cm^3, 염분의 밀도는 2.20 g/cm^{3}으로 가정한다. 그러나 시추한 코어의 깊이가 깊을 경우 고환경 변화에 따른 염분도의 변화가 있을 수 있기 때문에 공극수의 염분도를 측정하여 그 값을 이용, 해수의 밀도를 재계산하여야 하며 물성 계산식에 적용시켜야 한다.

Weight and volume 방법에 의해 얻어진 값(V$_w$, V$_d$, W$_w$, W$_d$)을 이용하여 공극률(η, %), 함수율(W$_c$, %), 전밀도(ρ_w, g/cm^3), 입자밀도(ρ_g, g/cm^3)를 다음의 식에 의해 구한다.

$$\eta = 1.0363 \times \frac{W_w - W_d}{V_w} \times 100$$

(식 2.1)

$z111snknk$

$$W_c = 1.0363 \times \frac{W_w - W_d}{W_w} \times 100$$

(식 2.2)

$$\rho_w = \frac{W_w}{V_w}$$

(식 2.3)

$$\rho_g = \frac{W_d}{V_w \times (1 - n)}$$

(식 2.4)

공극률 및 밀도의 경우 gamma ray attenuation에 의한 비파괴기술에 의해서도 구할 수 있다. 약 662keV 에너지로 gamma-ray를 방출하는 source는 ^{137}Cs이 이용되며 gamma-ray 에너지는 콤턴산란효과(Ellis, 1987)에 의해 감쇠된다. 감쇠된 gamma-ray beam의 강도 (intensity, I)는 source intensity(I$_0$), 퇴적물의 습윤전밀도, ray path length(d), 콤턴질량 감쇠

계수(μ)에 좌우된다. 상관관계식은 아래와 같다.

$$I = I_0 \cdot e^{-\mu\rho d}$$ (식 2.5)

콤턴질량감쇠계수(specific Compton mass attenuation coefficient, μ)는 물질상수인데 gamma-ray의 에너지와 물질의 원자량(A)과 전자수(Z)의 비(Z/A)에 의해 좌우된다(Ellis, 1987). 대부분의 퇴적물과 조암광물에서 이 비는 약 0.5이며 질량감쇠계수(μ_g)에 일치하는 ^{137}Cs source는 0.0774cm^2/g이다. 그러나 수소원자에서 그 비는 1.0으로 해수에서 질량계수(μ_f)가 0.0850cm^2/g로 다르기 때문이다(Gerland and Villinger, 1995). 따라서 물로 포화된 퇴적물에서 유효질량감쇠계수(effective mass attenuation coefficient)는 고체입자와 유체성분의 질량가중계수의 합으로 계산된다(Bodwadkar and Reis, 1994).

전기비저항

물로 포화된 퇴적물의 전기비저항은 고체 및 유체성분의 비저항에 좌우된다. 그러나 퇴적입자들이 전도성이 낮을 경우 전류는 공극수를 통해서 전달된다. 따라서 전기비저항은 공극수의 전도도와 퇴적물의 미세구조에 영향을 많이 받는다. 공극수의 전기전도도는 용존 이온과 분자의 염분도, 이동성 및 농도에 따라 다양하다. 퇴적물의 미세구조는 공극의 분포와 양, 모세관 현상 및 공극의 형태(tortuosity)에 의해 조절된다. 그러므로 전기비저항은 고체입자와 유체성분의 상대적인 양으로 결정될 수 없다.

암석과 물로 포화된 퇴적물에서 전류의 흐름을 이론적으로 기술하는 몇 개의 모델이 개발되었다. 그러나 실제 이런 모델들은 필요한 변수들 중 몇 개만 알려져 있기 때문에 중요성이 떨어진다. 지금까지 가장 널리 적용되고 있는 퇴적물의 공극률(fractional porosity)과 전기비저항과의 경험식은 아래와 같다.

$$F = \frac{R_s}{R_f} = a \cdot \varnothing^{-m}$$ (식 2.6)

공극수에서의 전기비저항(R_f)에 대한 퇴적물의 전기비저항(R_s)의 비가 지층계수 (formation factor, F)이다. a와 m은 퇴적물의 성분을 특성화하는 상수이다. Archie(1942)는

m이 퇴적물의 consolidation을 지시한다고 가정하였고 이를 cementation exponent라고 부른다. 몇몇 학자들은 a와 m에 대한 다른 값을 제시하였다. Boyce(1968)는 규질과 실트질 및

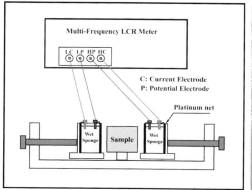

〈그림 2-17〉 4전극방식에 의해 측정되는 전기비저항 방법의 예(서 등, 2001)

사질의 북극퇴적물에 a=1.3, m=1.45를 제시하였다. 그러나 이런 값은 절대적인 값이 아니다. 상수 a값은 증가하는 m값에 따라 감소한다. 자연퇴적물에서는 공극의 양 및 분포가 입자의 형태보다 더 중요하다. 일반적으로 a, m, F의 값들은 구체적인 환경조건을 구분해준다.

해양퇴적물에서 전기비저항을 측정하는 방법은 프로브(probe)를 이용하는 웨너배열 방법이나 혹은 일정한 크기로 시료를 성형하여 측정하는 4전극 방식이 있다. 이 방법들은 퇴적물의 교란이 없는 상태에서 수평 및 수직 방향에 대한 전기비저항을 측정하여 미세구조와 관련된 퇴적물의 전기적 특성을 알 수 있게 해준다. 4전극방식은 전기화학적 분극효과를 감소시키는 방법(Olhoeft, 1980)으로 전기적인 흐름을 제어하는 전류, 전압, 저항값을 제어하는 LCR meter와 측정을 위해 성형된 시료를 유지시켜 전기를 전달시켜 주는 시료지지대로 구성된다(그림 2-17).

투수율(permeability)

투수율은 유체가 다공질의 매질을 통해 얼마나 쉽게 흐르느냐를 기술하는 것이다. 물리적으로는 아래의 Darcy의 식에 의해 정의된다.

$$q = \frac{\kappa}{\eta} \cdot \frac{\delta p}{\delta x}$$

(식 2.7)

유체의 흐름 즉 flow rate(q)는 공극의 투수율(κ), 공극 내 유체의 점성도(η), 유체의 흐름을 일으키는 압력구배(δp/δx) 등과 관련이 있다. 동시에 투수율은 퇴적물의 공극률과 입도 분포에 좌우된다. 이때 입도는 평균입도(d_m)를 가정한다. 유체의 흐름이 균일한 반경을 가지고 모세관 현상을 통한 이상적인 흐름으로 가정한다면 투수율은 Kozeny-Carman's equation(Carman, 1956; Schopper, 1982)으로부터 계산될 수 있다.

$$\kappa = \frac{d_m^2}{36\kappa} \cdot \frac{\varnothing^3}{(1-\varnothing)^2} \qquad (식\ 2.8)$$

이 관계는 30~80%의 공극률을 가지는 미고결 퇴적물에서는 유효하며(Carman, 1956), 토양의 투수율을 평가하는 지질공학적인 해석이나 물로 포화된 퇴적물의 탄성파 모델링 등에 이용된다(Biot, 1956a; Hovem and Ingram, 1979; Hovem, 1980; Ogushwitz, 1985). κ는 공극의 형태와 tortuosity에 좌우되는 상수이다. 평행하고 실린더형인 모세관일 경우에는 약 2, 구형의 퇴적입자인 경우 약 5, 높은 공극률의 경우에 10 이상이다(Carman, 1956).

미고결 해양퇴적물에서 투수율의 직접적인 측정은 쉽지 않으며 단지 특수하게 개발된 장비를 이용하여 discrete sample에 대해 측정한 경우, 전기비저항 측정에 의해 간접적으로 계산한 경우, 변형된 의료장비를 이용하여 ODP core에 대해 압밀시험(consolidation test)을 한 경우 등으로 아주 제한적이다. 이런 측정은 elastic rebound를 고려한 수정이 필요하며 각 압밀단계(consolidation step)의 마지막에 고유한 투수율을 결정하는 것이 필요하다.

음향 및 탄성특성(acoustic and elastic properties)

해양퇴적물에서 음향특성과 탄성특성은 탄성파의 진행에 직접적으로 연관된다. 이들은 종파 및 횡파 속도, 감쇠, sediment frame과 습윤퇴적물의 탄성계수 등을 포함한다. 탄성파 연구에서 퇴적구조의 크기와 해상도를 조절하는 가장 주요한 변수는 음원 신호의 주파수 이다. 만약 주파수와 bandwidth가 높다면 공극이나 입자크기 분포를 수반하는 소규모의 퇴적구조도 탄성파의 진행에 영향을 준다.

해양퇴적물에서 수학적으로 파의 진행을 기술하기 위해서는 간단한 모델에서 복잡한 모델까지, 즉 dilute suspension(Wood, 1946)에 의한 퇴적물 혹은 탄성을 가지며 물로 포화된 frame을 가지는 퇴적물(Gassmann, 1951; Biot, 1956a, b) 등을 가정하는 것으로 개발되어 왔다. 퇴적물의 미세구조를 고려하고 주파수에 의존하는 파의 진행을 가장하는 가장 일반적인 모델이 Biot 이론이다(Biot, 1956a, b). 이것은 low-frequency approximation으로 Wood's suspension과 Gassmann's elastic frame model을 포함하며, 음향 및 탄성계수(종파 및 횡파의 속도 및 감쇠와 탄성계수), 입도, 공극률, 밀도 및 투수율과 같은 물리적 및 퇴적학적 변수들 모두를 포함한다.

Biot의 기본적인 연구를 기반으로, Stoll(1974, 1977, 1989)은 간단하고 균일한 용어로 이 이론의 수학적 배경을 재구성하였다. 이 이론은 11개의 변수들로 미세구조를 기술하는 것으로 시작한다. 퇴적물 입자는 입자밀도(ρ_g), 입자의 체적탄성률(K_g), 공극수의 밀도(ρ_r), 공극수의 체적탄성률(K_f), 점성(η) 등에 의해 특징지어진다. 공극률(Φ)은 공극의 양을 정량화한다. 그것의 형태와 분포는 투수율(κ), 공극크기 변수(pore size parameter, $a=d_m/3\cdot(1-\Phi)$, d_m=평균입도)(Hovem and Ingram, 1979; Courtney and Mayer, 1993b), 공극의 tortuosity를 지시하는 구조요소(structure factor, $a'=1-r_0(1-\Phi^{-1})(0\leq r_0\leq1)$(Berryman, 1980) 등으로 구체화된다. Sediment frame의 탄성은 체적탄성률(bulk modulus, K_m)과 전단계수(shear modulus, μ_m)에 의해 결정된다.

음파전달속도(종파 및 횡파)는 음파가 주어진 온도 및 압력하에서 시간에 대해 진행한 거리를 말한다. 해양퇴적물에 대한 음파전달속도는 1950년대 이전에는 주로 탐사지진학 자료를 이용하여 제한적으로 측정된 적이 있으며, 1950년대 초에는 미해군 전자실험실 및 라몬트 지질조사소(Lamont Geological Observatory) 등에서 측정하기 시작하였고, 1960년대에 들어와 여러 연구자들에 의해 본격적인 측정이 이루어졌다. 현장음파전달속도 역시 2차 대전 중 Wood와 그의 동료들에 의해 수심 약 45m인 연안에서 잠수부의 도움으로 직접 측정한 적이 있으며 그 후 심해잠수정을 이용하여 수심 약 1200m까지도 측정범위가 확대되었다. 1990년대에서는 하와이대학에서 직접 제작한 Acoustic Lance를 이용하여 퇴적물 채취는 물론 현장 음파전달속도까지도 측정할 수 있는 새로운 시스템이 개발되었다. 표층의 속도측정장비는 미해군 연구소(Naval Research Laboratory)나 영국의 Southampton 연구소 등에서 개발하여 측정한 바 있다.

시추코어에 대한 음파전달속도 측정은 전통적으로 Hamilton frame과 유사한 원리를 이용하는 신호투과법을 기본으로 하고 있다. 이 방법은 동일한 펄스를 시료와 표준시료에 통과시켜 오실로스코프에 나타나는 시간차를 이용하여 속도를 계산하는 방법이다. 표준시료의 경우 수은기둥을 사용하거나 순수한 알루미늄 시료를 사용하기도 하는데 이 방법

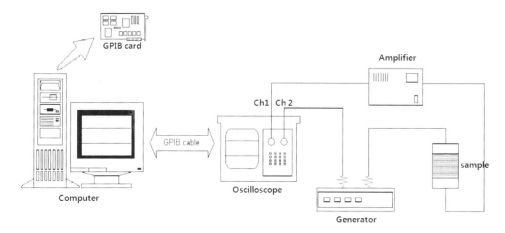

〈그림 2-18〉 퇴적물의 음파전달속도 측정 시스템(김 등, 1999)

은 측정자에 따라 약간의 오차가 발생할 수 있다는 단점이 있다. 최근에는 이 방법을 개선하여 표준시료를 통과시키지 않고 직접 도달한 직접파와 시료를 통과한 신호를 자동으로 피킹하여 속도를 계산하는 방법(그림 2-18)도 개발되었다(김 등, 1999). 이 방법은 속도뿐만 아니라 파형분석을 통하여 음파감쇠까지도 계산할 수 있는 이점이 있다.

횡파전달속도 측정은 횡파를 전달시키는 트랜스듀서의 제작이 중요하다. 초기에는 압전방식(piezoelectritic transducer)을 이용하였으나 효과적인 자료를 얻지 못했고 그 이후에는 duomorph 형태의 bender element를 이용하는 방법(그림 2-19)이 개발되었다. 미해군연구소의 경우 현장에서 직접 횡파전달속도를 측정할 수 있는 장치를 개발하여 종파전달속도와 동시에 측정하고 있다.

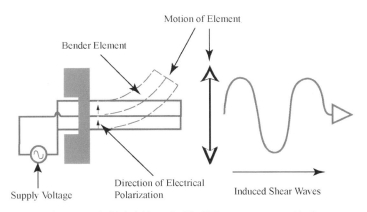

〈그림 2-19〉 횡파전달속도 측정을 위한 bender element의 예

음파감쇠는 속도 측정 시 형성된 시료의 파형과 표준시료(주로 순수한 알루미늄을 이용)의 파형을 주파수 영역으로 신호처리과정(Fast Fourier Transform, FFT)을 거친 후 두 파형을 스펙트럼비(spectral ratio) 분석 방법(Toksoz *et al.*, 1979; Sears and Bonner, 1981)을 적용하여 감쇠값을 구하는 원리다. <그림 2-20>은 터어비다이트층에서 측정한 속도파형을

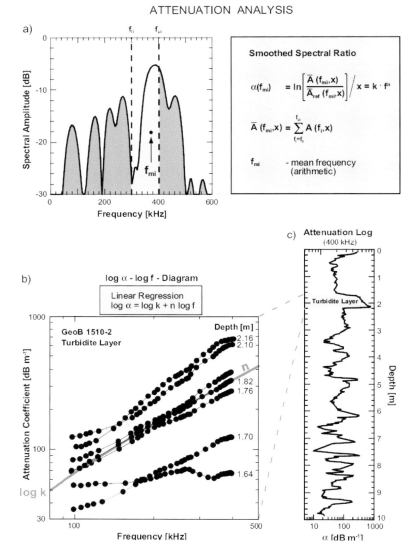

〈그림 2-20〉 터어비다이트층에서 the smoothed spectral ratio 방법에 의한 감쇠분석의 예(Breitzke et al., 1996). 감쇠값의 단위는 400kHz.
(a) FFT 처리 신호 (b) 스펙트럼비(기울기가 감쇠값으로 계산됨) (c) 감쇠검층

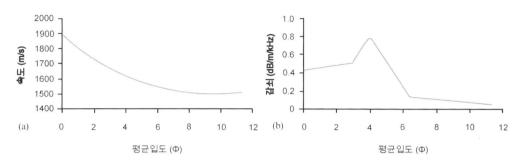

〈그림 2-21〉 평균입도와 속도(a) 및 감쇠(b)와의 일반적인 상관관계

이용하여 감쇠를 계산한 예이다(Breitzke tal., 1996). 일반적으로 평균입도와 속도와의 관계는 입도가 감소할수록 속도가 감소한다. 평균 입도값이 약 9~10Φ 사이를 최저점으로 다시 증가한다. 그러나 음파감쇠와 평균입도와의 관계는 복잡하고 일정한 관계를 보이지 않는다(그림 2-21). 즉 음파감쇠는 입자가 약 4Φ 부근에서 가장 높은 값을 가진다.

비배수전단응력(undrained shear strength)

비배수전단응력(undrained shear strength)은 전단력(shear stress)에 대한 퇴적물의 저항력이다. 비배수전단응력의 측정은 퇴적물이 100% 포화되어 있고 균질하며 세립질(주로 점토) 퇴적물로서 비배수 상태에서 측정하여야 한다. 비배수전단응력은 간단하게 torvane이나 혹은 stiff한 퇴적물에 대해 측정하는 경우는 pocket penetrometer 등을 사용하여 측정한다. 그러나 hand vane은 일정한 강도와 속도로 지속적으로 베인을 회전시켜야 하므로 측정자에 따라 오차가 발생할 수 있는 단점이 있다. 이러한 오차를 최소로 하기 위해서 최근에는 자동응력측정장비(motorized shear vane, Geotest Model 23500)를 많이 사용하며 이 장치는 퇴적물의 특성에 따라 베인의 크기나 스프링의 종류를 교환할 수 있기 때문에 편리하다(그림 2-22).

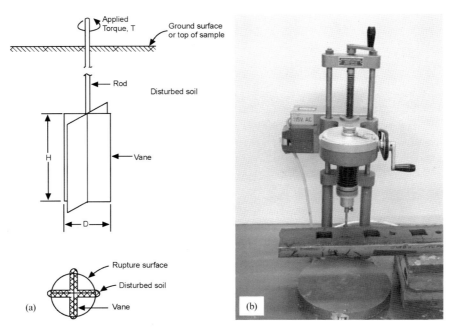

〈그림 2-22〉 (a) 미고결퇴적물의 전단응력 측정에 이용되는 베인의 모식도
(b) 자동응력측정 장비

퇴적구조(미세구조) 분석

퇴적물의 물성 특히 전기비저항 및 음파전달속도에 영향을 미치는 것이 퇴적구조이다. 큰 규모의 퇴적구조는 엑스선을 이용하여 관찰할 수 있다. 가장 많이 이용되는 방법은 적당한 크기로 슬랩을 만들어 연엑스선 장비를 이용하여 촬영하는 것이다(그림 2-23). <그림 2-23> 에서와 같이 퇴적층 내부의 가스가 빠져 나가면서 생긴 크랙과 생물에 의해 형성된 생흔구

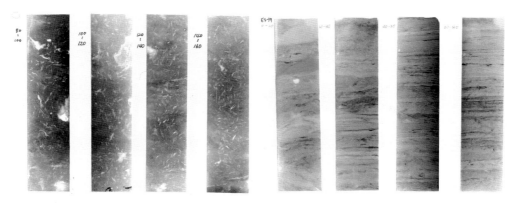

〈그림 2-23〉 퇴적구조 분석을 위해 이용되는 연엑스선 사진

조 그리고 퇴적물이 쌓이면서 형성된 층리 등이 잘 관찰된다.

해양퇴적물의 미세구조의 차이는 속도값에 영향을 주는데 일반적으로 퇴적층이 수직으로 퇴적되어 있을 경우 코어축에 대해 수평 및 수직 방향의 속도값에 영향을 주는 이른바 속도 비등방성(velocity anisotropy)이 나타난다. 속도 비등방성은 층리면에 평행하게 배열되어 있는 틈이나 공극에 포함되어 있는 해수에 영향을 받는다. 퇴적층 깊이의 증가에 따라 다짐작용 및 고화작용이 발생할 경우 이러한 공극의 형태 및 배열이 바뀌게 되며 따라서 미세구조의 변화에 의해 퇴적물의 수평 및 수직 속도값이 다르다. 이러한 속도 비등방성은 퇴적층의 깊이에 따라서 나타날 수도 있고 또한 퇴적환경의 차이나 구성광물의 성분에 따라서 나타날 수도 있다. 그러므로 속도 비등방성이 나타난다는 것은 퇴적물 내의 미세구조의 변화가 있음을 예측할 수 있고 이는 주사전자현미경 사진을 이용하여 미세구조를 직접 관찰함으로써 가능해진다.

상부하중에 의한 퇴적물의 다짐작용은 점토입자의 배열에 영향을 준다. 점토는 퇴적되면서 카드상구조 혹은 벌집구조로서 점토입자의 배열이 불규칙적인 방향으로 배열되어 퇴적되지만 퇴적 후에 상부퇴적물이 퇴적되면서 하중의 증가로 인하여 다짐작용이 발생하여 점토입자의 배열이 하중에 수직되는 방향으로 우선 배열되는 구조를 보인다. 즉 초기에는 edge-to-edge 혹은 edge-to-face가 우세하나 상부하중의 증가가 지속되면 face-to-face 형태로 입자들이 배열한다(그림 2-24)(김과 김, 2001; Kim et al., 2007). 해저면 상부층에서 이러한 배열의 변화는 전단응력이나 횡파전달속도에 더 큰 영향을 주게 된다. 그러나 비교적 코어의 길이가 짧은 해저면 퇴적물의 경우 종파전달속도나 그 이외의 물리적 및 지질공학적 특성에는 큰 차이가 없다.

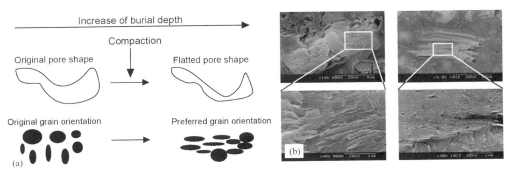

〈그림 2-24〉 (a) 퇴적층 깊이에 따른 상부하중의 증가로 발생하는 미세구조의 변화
(b) 미세구조의 주사전자현미경 사진

GPS
(Global Positioning System)

03

3.1 서론

GPS(Global Positioning System)는 미국에 의해 개발, 운용 중인 항법시스템으로 우주공간에서 위성을 이용하여 범지구적 영역에 대한 위치정보를 제공한다. 개발초기 NAVSTAR GPS로 명명되어 주로 군사용 목적으로 제작된 이 시스템은 무기유도, 항법, 측량, 지도제작, 측지, 시각동기 등의 군용 및 민간용으로 그 목적이 확대되어 아주 광범위하게 이용되고 있다.

GPS는 지상으로부터 일정한 거리의 궤도를 가지고 도는 GPS위성에서 발신하는 신호를 GPS수신기에서 수신하여 사용자의 위치를 결정하는 원리다.

전 세계에서 운용되고 있는 GPS위성은 미국 공군이 발사부터 시작해 유지, 관리 업무를 수행하고 있으며 막대한 재원을 들여 현재까지 운용되고 있다.

3.2 GPS시스템

GPS수신기는 세 개 또는 그 이상의 GPS위성이 송신한 신호를 수신하여 사용자의 위치를 결정한다. 위성에서 송신한 신호와 수신기에서 수신된 신호의 시간차를 측정하면 위성과 수신기 사이의 거리를 계산할 수 있으며 수신기에는 GPS위성이 송신한 위성의 위치에 대한 정보가 들어 있다.

GPS는 그 역할에 따라서 우주 부분(space segment), 제어 부분(control segment), 사용자

부분(user segment)으로 구분할 수 있다(그림 3-1).

3.2.1 우주 부분(space segment)

우주 부분은 GPS의 핵심인 GPS위성을 의미하며 24개의 위성이 여섯 개의 궤도상에 배치되어 있다. 각 궤도상의 GPS위성의 수는 시기에 따라서 달라질 수 있다. GPS위성은 소모성 장비로 평균 수명은 약 8년이다. 궤도면의 중심은 지구의 중심과 일치하며 각 궤도면은 지구 적도면으로부터 55°만큼 기울어져 고정되어 있다(그림 3-2, 3-3).

GPS위성의 고도는 약 20,183km이며, 각 궤도상의 GPS위성은 지구자전으로 지상의 한 점을 하루에 한 번 통과하게 된다. GPS궤도는 지상의 대부분 위치에서 최소한 여섯 개의 GPS위성에서 송신한 신호를 사용자의 GPS가 동시에 수신 할 수 있도록 배치되어 있다(그림 3-4).

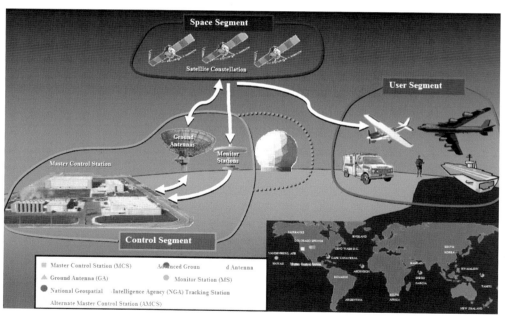

〈그림 3-1〉 GPS 운용 모식도(http://dc355.4shared.com/doc/358xngAD/preview.html)

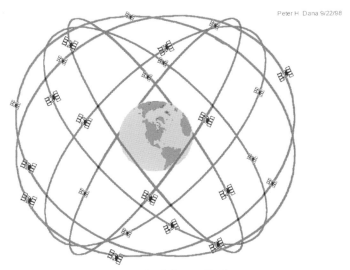

Peter H. Dana 9/22/98

GPS Nominal Constellation
24 Satellites in 6 Orbital Planes
4 Satellites in each Plane
20,200 km Altitudes, 55 Degree Inclination

〈그림 3-2〉 GPS궤도(www.colorado.edu/geography/gcraft/notes/gps/gps.html)

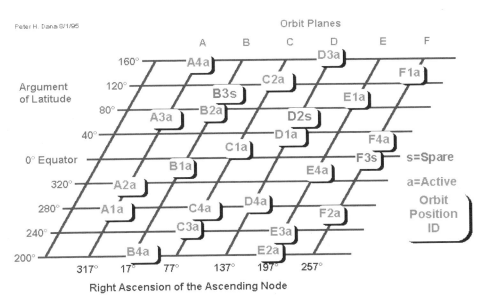

Simplified Representation of Nominal GPS Constellation

〈그림 3-3〉 GPS위성 배치도(www.colorado.edu/geography/gcraft/notes/gps/gps.html)

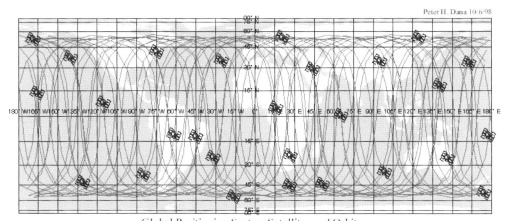

Global Positioning System Satellites and Orbits
for 27 Operational Satellites on September 29, 1998
Satellite Positions at 00:00:00 9/29/98 with 24 hours (2 orbits) of Ground Tracks to 00:00:00 9/30/98

〈그림 3-4〉 GPS위성 궤적도 예(www.colorado.edu/geography/gcraft/notes/gps/gps.html)

3.2.2 제어 부분(control segment)

제어 부분은 GPS위성의 궤도를 추적하고 위성을 유지, 관리하는 것을 말하며 지상에 위치하고 있어 지상 부분(ground segment)이라 부르기도 한다. 제어 부분 중 하와이, 콰절런, 어센션 섬, 디에고 가르시아 섬과 콜로라도 스프링스의 다섯 군데의 제어국(monitor station)은 위성의 추적유지, 관리를 담당하며 위성의 추적자료는 콜로라도 스프링스의 슈리버 공군기지에 위치한 주 제어국(master control)으로 보낸다. 주 제어국에서는 취합된 최신의 궤도정보를 분석하여 각 추적제어국의 안테나를 통해 GPS위성으로 새로운 궤도정보를 송신함으로써 위성의 시각을 동기함과 동시에 천문력(ephemeris)을 조정한다(그림 3-5).

3.2.3 사용자 부분(user segment)

사용자 부분은 GPS수신기를 말한다. GPS수신기는 GPS위성으로부터 송신되는 주파수에 동조된 안테나, 수정 발진기 등을 이용한 정밀한 시계, 수신된 신호를 처리하고 수신기 위치의 좌표와 속도 벡터 등을 계산하는 처리장치, 계산된 결과를 출력하는 출력장치 등으로 이루어져 있다.

〈그림 3-5〉 GPS 제어 부분(control segment, http://www.gps.gov/systems/gps/control/)

3.3 정확도와 오차

GPS의 정확도는 일반적으로 수신기의 성능과 여러 측위 오차 등에 의해 결정된다. GPS의 사용이 보편화 되면서 수많은 종류의 GPS가 생산되고 있으며, 각 제품마다 수신기의 성능에 차이가 있어 정확도가 달라진다. 수신기의 성능에 따라 전자파적 잡음(noise)이나 전파의 다중경로(multipath) 등의 수신기에서 발생하는 오차의 크기가 다르며 이는 정확도에 영향을 준다. GPS 자체 성능에 의한 오차 외에도 전리층 오차, 대류층 오차, 위성 궤도 및 시계 오차, 사이클 슬립, 선택적 이용성 (SA: Selective Availability)에 의한 오차 등이 GPS의 정확도와 관련이 있다.

다중경로 오차-다중경로 오차는 GPS가 위성으로부터 직접 수신된 전파 이외에 부가적으로 주위의 지형지물에 의해 반사된 전파를 실제 전파로 오인하면서 발생하는 오차이다. 오차의 크기는 1m 내외이다.

전리층 오차-전리층 오차는 지표로부터 약 350km 고도상에 집중적으로 존재하는 자유 전자(free electron)들에 의해 GPS 위성 신호가 간섭(interference) 현상이 발생하면서 나타난다. 오차의 크기는 약 5m 내외이다.

대류층 오차-대류층 오차는 고도 50km까지 존재하는 대류층에 의해 GPS 위성 신호가 굴절되어 발생한다. 오차의 크기는 약 3~20m로 오차 변화가 크다.

위성 궤도 및 시계 오차-위성 궤도 오차는 위성 위치를 구하는데 필요한 위성 궤도 정보의 부정확성으로 인해 발생하다. 위성 시계 오차는 GPS 위성에 내장되어 있는 시계의 부정확성으로 인해 나타난다. 오차의 크기는 약 2m 내외이다.

사이클 슬립-사이클 슬립은 GPS 측량 시 반송파 위상 추적 회로(PLL : Phase Lock Loop)에서 반송파 위상 값을 순간적으로 놓침으로서 발생하는 오차를 말한다. 사이클 슬립은 주위의 지형지물로 인한 신호의 단절, 반송파에 포함된 잡음, 반송파의 낮은 신호강도, 낮은 위성고도 등이 원인으로 작용한다.

선택적 이용성(SA: Selective Availability)에 의한 오차-2000년 이전까지 민간 부분의 사용을 제한하기 위하여 의도적으로 오차를 발생시키는 방법을 SA라고 한다. SA가 적용되면 고의적으로 인공위성의 시간에 오차를 집어넣어 수직방향으로 30미터, 수평방향으로 10m 정도의 오차를 발생시킨다. 그러나, 2000년 5월 1일부터 SA의 오차를 0으로 설정함으로써 SA에 의한 오차는 실질적으로 제거되었다. 또한 SA 오차 값은 빨리 변하지 않기 때문에, DGPS(Differential GPS)를 사용하면 이러한 오차를 일부 보정 할 수 있다.

3.4 DGPS(Differential GPS)

GPS만 이용할 경우 10~30m 이상의 정밀도로 위치를 결정하는 것은 현실적으로 불가능하다. 그 이유는 이것은 수신기가 결정하는 위성까지의 거리 자료에 여러 가지 오차 요인이 복합적으로 영향을 미치기 때문이다. 그래서 어떤 제2의 장치가 수신기 근처에 존재하여 지금 현재 수신되는 자료가 얼마만큼 빗나간 양이라는 것을 수신기에게 알려줄 수만 있다면 위치 결정의 오차를 극소화시킬 수 있는데 바로 이 방법이 정밀위치측정기(DGPS)이다(그림 3-6). GPS수신기를 두 개 이상 사용하여 상대적 측위를 결정하는 방법

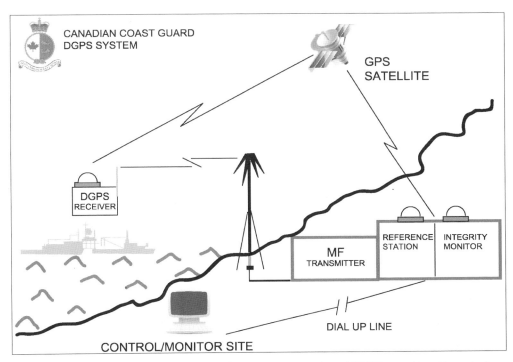

<그림 3-6> 위성측위 시스템(DGPS)의 모식도 (www.ccg-gcc.gc.ca/folios/00020/images/dgps11-eng.jpg)

으로서 정확한 좌표를 알고 있는 기지점에 베이스 스테이션용 GPS수신기를 설치하고, 위성들을 모니터하여 개별 위성의 거리 오차 보정치를 정밀하게 계산한 후 이를 작업 현장의 로버(rover)용 수신기의 오차 보정에 이용하는 방식으로 움직이는 물체에 있어서는 수 m, 정지한 대상에 대해서는 1m 이내의 위치 측정이 가능하다.

3.4.1 한국의 DGPS

1996년 해양수산부 주관 아래 한국형 DGPS국가망 설치를 위한 DGPS신호가 장기곶 기준국에서 첫 시험 발사된 이후 한반도 전 해역을 사용 범위로 하는 DGPS국가망이 설치되어 운영되고 있다(표 3-1, 그림 3-7).

〈표 3-1〉 우리나라 DGPS기준국 설치 현황

기지국	위치좌표 (송신국ANT 위치)	이용범위 (NM)	주파수 (kHz)	통신속도 (bps)
소청도	N: 37-45-40.57358 E: 124-43-44.45150 H: 69.528	100	323	200
팔미도	N: 37-21-29.68111 E: 126-29-39.69463 H: 83.590	100	313	200
어청도	N: 36-7-29.23148 E: 125-58-7.13624 H: 85.637	100	295	200
소흑산도	N: 34-5-42.75078 E: 125-5-55.04141 H: 90.807	100	298	200
마라도	N: 33-7-2.83788 E: 126-16-9.72901 H: 62.330	100	290	200
거문도	N: 34-0-29.91851 E: 127-19-19.89330 H: 101.071	100	287	200
영도	N: 35-3-45.08420 E: 129-4-14.67160 H: 185.750	100	300	200
호미곶	N: 36-4-41.64151 E: 129-34-1.32341 H: 34.301	100	310	200
울릉도	N: 37-31-4.11200 E: 130-47-56.02163 H: 182.138	100	319	200
주문진	N: 37-53-51.91225 E: 128-50-1.61669 H: 55.051	100	295	200
거진	N: 38-33-9.31787 E: 128-23-54.42491 H: 116.202	100	292	200

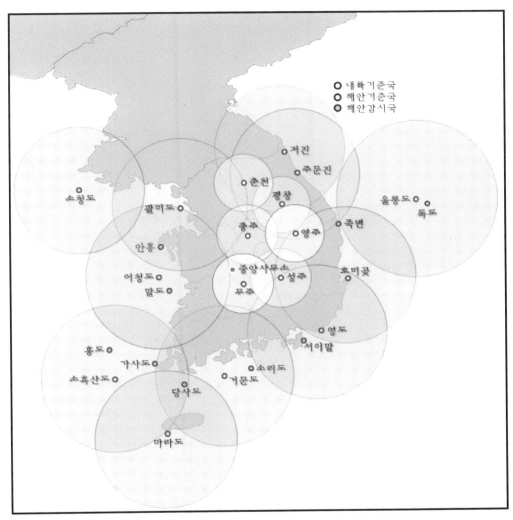

내륙기준국
해안기준국
해안감시국

저진
주문진
춘천
평창
울릉도
독도
소청도
팔미도
충주
영주
죽변
안흥
흥미곶
어청도
말도
■중앙사무소
성주
무주
영도
서이말
홍도
가사도
소흑산도
소리도
거문도
당사도
마라도

〈그림 3-7〉 우리나라 DGPS 해안기준국, 감시국, 내륙기준국 위치도

2011년 현재 국토해양부 위성항법중앙사무소 산하 총 11개소의 해안기준국과 9개소의 감시국, 6개소의 내륙기준국이 운영되고 있다. 중앙관리사무소는 무인으로 운영되는 기준국과 감시국을 원격 통제하기 위해 대전에 위치하며, 지역 DGPS기준국은 외부와의 통신 단절에도 기능을 수행할 수 있도록 한 시설에 기준국, 경보감시국, MSK변조송신국 등이 설치되어 독자운영방식으로 운영된다. 뿐만 아니라 안테나를 제외한 많은 시설을 사고에 대비하여 중복 설치함으로써 가동률을 높이도록 되어 있다. 방송메시지는 RTCM 포맷을 기준으로 하였으며, 전송속도는 200bps, 송신기 출력은 300W로 되어 있다.

3.4.2 DGPS 종류

현재 상업적으로 운용되는 DGPS를 <표 3-2>에 수록하였다.

〈표 3-2〉 DGPS 종류

제작사	홈페이지 주소
CelesTrack	http://celestrak.com
CMC Electronics	http://www.cmcelectronics.ca
GPS world Magazine	http://www.gpsworld.com/gpsworld
Navtech	http://www.navtechgps.com
NovAtel	http://www.novatel.ca
Trimble	http://www.trimble.com
ashtech	http://www.ashtech.com
AD Navigation AS	http://www.adnavigation.com
C&C Technologies	http://www.cctechnol.com
Fugro	http://www.fugro.com
Hemisphere GPS	http://www.hemispheregps.com
Leica Geosystems AG	http://agriculture.leica-geosystems.com
Magellan Navigation	http://www.magellangps.com
Septentrio NV	http://www.septentrio.com
Topcon Europe Positioning	http://www.topcon-positioning.eu
Garmin	http://www.garmin.com

3.5. HYPACK의 사용 예(내비게이션 프로그램)

GPS에서로부터 획득한 위치정보는 소수의 정점을 GPS에 표시된 좌표값으로 기록하는 단순한 작업부터 조사측선(track line)을 설정하여 연속적인 위치자료를 획득하는 작업까지 현장에서 다양하게 이용된다. 특히 해양조사의 경우 연속적인 조사측선 설계를 통한 다량의 위치자료를 획득하는 작업이 진행되는 만큼 최근 들어 상용화된 내비게이션 소프트웨어를 이용하고 있다. 이러한 상용화된 소프트웨어들은 조사구역에 대한 조사측선설계, 자료취득 및 저장, 자료처리까지의 기능을 가지고 있으며 현재 GPS를 이용한 조사에 필수적으로 이용되고 있다.

이 책에서는 여러 내비게이션 소프트웨어 중 해양조사에서 널리 사용되고 있는 HYPACK program(Coastal Oceanographics사)의 기초사용법을 소개하고자 한다.

3.5.1 사전작업

　조사대상지역이 정해지면 HYPACK을 사용하기 위한 사전작업이 필요하다. 조사 전 수치지도나 수치해도 또는 사용자가 직접 digitize한 도면을 바탕으로 조사구역에 대한 도면 작업이 선행되어야 하며 완성된 도면에 조사측선(track line)을 설정하여야 한다. 일반적으로 조사구역도면은 CAD 프로그램을 통해 작업을 하며 자료의 형식은 *.DXF로 저장을 하거나 다른 program에서 작업을 해 *.DXF로 export 해도 된다.

1. HYPACK을 Click하면 <그림 3-8>과 같은 그림이 뜬다.

〈그림 3-8〉 HYPACK program의 초기화면

2. Preparation → Design을 선택한다(그림 3-9).

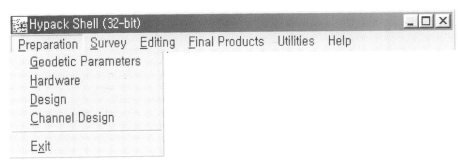

〈그림 3-9〉 Preparation → Design 선택

3. 조사 전 만들어 놓은 조사구역 도면을 열기 위해 아래와 같이 Draw → DXF file을 선택한다(그림 3-10).

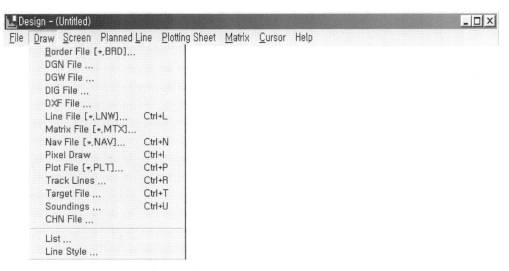

〈그림 3-10〉 Design → Draw → DXF File선택

4. DXF의 확장자로 만든 조사구역 도면을 열면 아래와 같이 나타난다(그림 3-11).

〈그림 3-11〉 포항항.DXF file을 읽어 들인 화면

5. 조사측선을 설정하는 방법으로는 좌표를 이용하는 방법과 mouse click으로 제작하는 방법이 있다.

(a) 좌표를 이용하여 제작

① 우선 마우스를 이용하여 만들고자 하는 선(중심선 혹은 경계선)의 두 점의 좌표를 구한다. 좌표는 마우스를 알고자 하는 점에 정확히 일치시키면 하단에 좌표가 나타난다.

② Planned Line - New LNW File을 선택한 후, ①에서 읽은 한 점의 좌표를 X(1), Y(1)에 입력하고, 다른 한 점의 좌표를 X(2), Y(2)에 입력한 다음 OK 버튼을 click한다(그림 3-12).

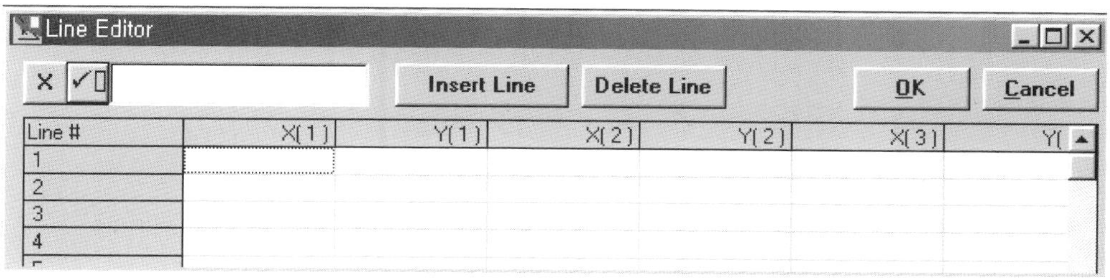

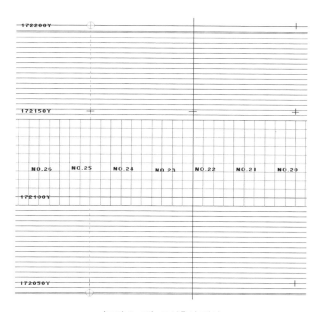

〈그림 3-12〉 Planned Line → New LNW File

③ 화면에 <그림 3-13>과 같이 분홍색으로 만든 조사측선이 점선으로 나타난다.

〈그림 3-13〉 조사측선 작성

(b) Mouse Click을 이용하여 제작

① Cursor → Make Line List를 선택하고 마우스를 이용하여 만들고자 하는 선의 두 점을 우측 버튼을 이용하여 선택한다(그림 3-14).

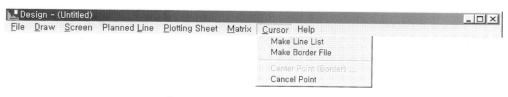

〈그림 3-14〉 Cursor → Make Line List

② Planned Line - New LNW File을 선택한다(그림 3-15).

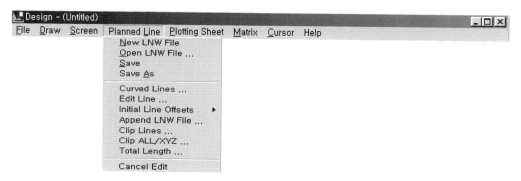

〈그림 3-15〉 Planned Line - New LNW File

③ 화면에 분홍색으로 만든 측량선이 점선으로 나타난다.

6. Planned Line - Initial Line Offsets - Parallel을 선택한다(그림 3-16).

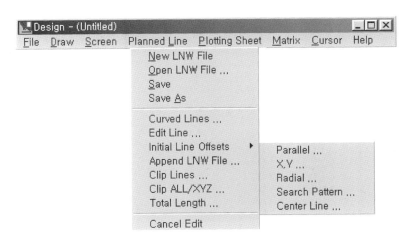

〈그림 3-16〉 Planned Line – Initial Line Offsets – Parallel

7. Parallel을 선택 시 나오는 화면에 각각의 값을 입력한다(그림 3-17).

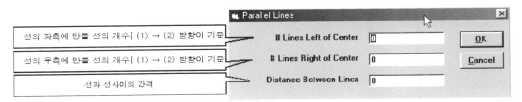

〈그림 3-17〉 Parallel Line edit

8. 그림 3-17에 각각의 값을 입력하고 OK 버튼을 누르고 Planned Line - Save As로 만든 측량 계획 선을 저장한다.

9. Design에서 빠져 나온 후 다시 Preparation - Design을 선택한다.

10. 위와 같은 방법으로 측량 계획선을 제작하고 Planned Line - Append LNW File을 click한다.

11. 화면상에 두 개의 파일이 합쳐져 있으면, 다시 Planned Line - Save As로 만든 측량 선을 저장한다(그림 3-18).

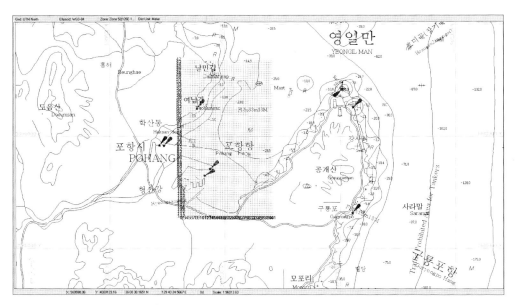

〈그림 3-18〉 조사측선을 조사구역에 삽입한 화면

12. 만약 작성한 조사측선을 수정하고 싶을 때는 Planned Line - Edit Line을 click한 뒤 수정한다.

음향측심기

04

4.1 서론

해양, 호수, 강 등에서 정확한 수심 정보를 취득하기 위해서 송수파기(transducer)를 통해 음파를 발생시켜 해저면(수저면)으로부터 되돌아오는 시간을 측정하는 장치를 음향측심기(echo sounder)라고 한다.

초창기 음향측심기는 단일빔(single channel)을 이용한 것으로서 해양이나 강에서 운항하는 거의 모든 선박에 장착하여 사용되었다. 일반적으로 음향측심기를 통해 획득되는 얕은 수심에 대한 자료로서, 선박의 안전운항을 위한 수심자료나 조업을 위한 어군탐지기의 역할 및 해저지형 파악 등의 용도로 사용되었다. 1919년 미국 해군이 개발한 헤이스(Hayes)라는 최초의 측심기는 음파를 발생시키고 바다 밑바닥으로부터 돌아오는 반사파를 수신하는 장치와 물의 깊이를 직접 가리키도록 바닷물에서의 음속으로 눈금을 조종하는 타이머로 구성되어 있다. 이러한 구조는 초기 음향측심기의 일반적인 형태들이었다.

1970년대 들어서면서 변환기의 구조가 획기적으로 발전하였으며 다량의 수심자료를 취득, 처리할 수 있는 시스템이 갖추어지면서 단일빔음향측심기(single beam echo sounder)에서 다중빔음향측심기(multi beam echo sounder)로 발전하는 계기가 되었다(그림 4-1). 다중빔음향측심기의 지속적인 발전은 정밀수심자료뿐만 아니라 후방산란음향자료(backscattering data)의 처리분석을 통한 이미지자료까지 구현해내는 단계로 발전되었다(그림 4-2). 뿐만 아니라 단일빔음향측심기도 송수파기의 성능을 향상시켜 단일 또는 다중 주파수를 가지는 정밀음향측심기(Precision Depth Recorder: PDR)의 형태로 발전했으며 이들의 장비를

이용하여 수중이나 수중저의 부유물질 분포 및 경계의 특성을 파악하거나 정밀어군탐지
가 가능하게 되었다(그림 4-3).

〈그림 4-1〉 (a) 단일빔음향측심기 (b) 다중빔음향측심기 모식도
(www.reson.com)

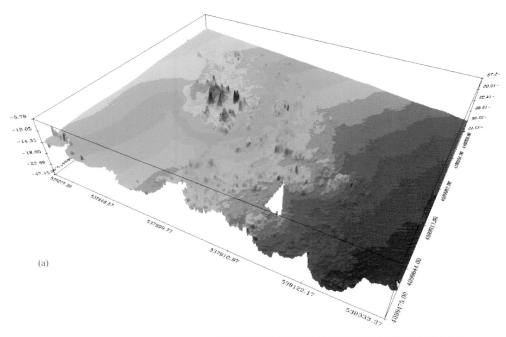

(a)

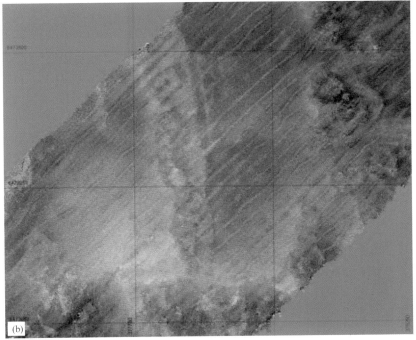

(b)

〈그림 4-2〉 (a) 다중빔음향측심기를 이용하여 획득한 3차원 수심자료
(b) 후방산란음향자료(backscattering data)
(www. ozcoasts.gov.au)

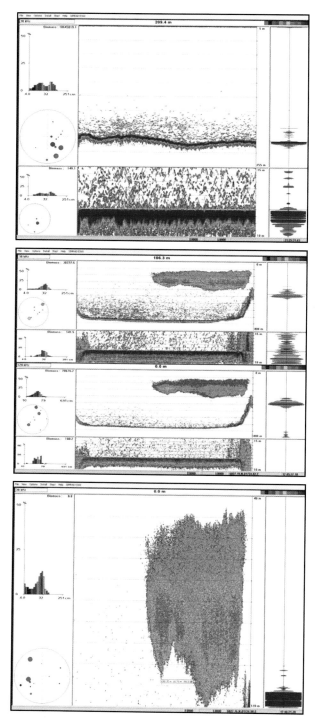

〈그림 4-3〉 정밀음향측심기 자료의 예. 주파수에 따라 수중의 부유물이나 어류와 같은 물의 구별이
가능한 장비의 예시(www.simrad.com)

4.2 자료취득

4.2.1 단일빔음향측심기를 이용한 수심자료 취득

일반적으로 단일빔음향측심기는 본체와 송수파기(transducer)로 구성되어 있으며 연안지역의 100m 이내 수심측량에는 주로 200kHz 내외의 발생주파수를 가지는 장비를 이용한다(그림 4-4, 4-5).

현장에서 수심자료 취득을 위해 음향측심기의 음파송수파기를 조사선박의 안정된 위치에 설치한다(그림 4-5). 정밀위치측정기(DGPS)의 안테나는 송수파기 설치 기둥에 설치하여 실제 수심자료 취득위치에 대한 정보를 취득한다(그림 4-6). 본 조사에 들어가기 전 현장의 수중상태(수온, 염분도 등)에 의해 변화될 수 있는 음파전달속도 값을 보정해주기 위해 필수적으로 바 체크(bar check)를 선행한다. 바 체크 과정은 사업 목적에 따라 그 원본자료를 요구할 수 있으므로 현장에서 프린터를 통해 출력하거나 사진을 남겨둔다(그림 4-6).

장비의 설치 및 음파전달속도에 대한 보정이 끝나면 조사측선에 대한 정보가 입력된 사업구역 지도자료를 내비게이션 프로그램을 통해 화면상에 띄우고 설정된 조사측선 간격에 따라 조사선박의 적정 선속을 조절하면서 수심측량자료를 취득한다(그림 4-7). 일반적으로 컴퓨터를 통해 실시간으로 저장되는 디지털 수심자료와 동시에 아날로그 자료(thermal printer)를 출력한다.

취득된 자료는 선박의 rolling이나 기타 해저면 상태에 따라 음향측심기에 들어오는 디지털 자료와 아날로그 자료가 서로 상이하게 기록될 수 있으며, 위치정보 또한 위성의 위치나 선박의 위치 등에 따라 위치정보가 변화되어 저장될 수 있다. 따라서 내비게이션 프로그램을 이용하여 수심 및 위치자료를 서로 분리해 자료검토 및 수정기능을 처리하며, 수심측량자료의 경우 디지털 자료와 아날로그 자료를 서로 비교하여 자료처리를 한다(그림 4-8). 조사지역의 수심측량 중 조석에 의한 조위보정은 조사지역에서 가장 근접한 지역의 검조소자료를 활용한다. 만약 조사지역과 검조소 간의 거리 차이가 큰 경우나 좁은 지역에서 조위차가 큰 지역의 경우 사업의 목적에 따라서 정확한 조위자료의 산출이 중요하므로 이런 경우 실제 관측된 조위자료를 이용하여 보정을 해준다(표 4-1).

자료처리가 끝난 수심자료를 이용하여 등수심도나 격자수심도와 같은 최종결과물을 도출하여 조사지역의 수심에 대한 정보들을 분석한다(그림 4-9).

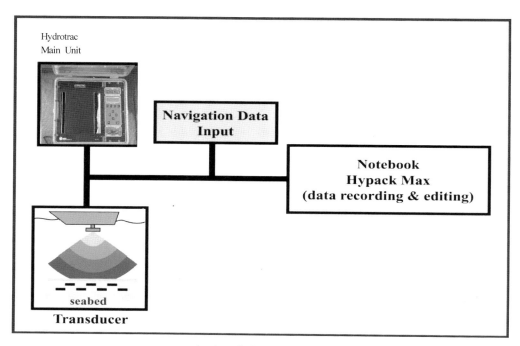

〈그림 4-4〉 음향측심기 구성도

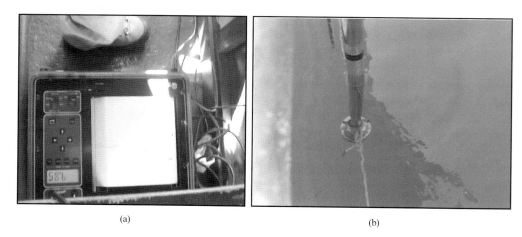

(a) (b)

〈그림 4-5〉 (a) 음향측심기 현장설치 운용사진. 본체와 아날로그자료 출력사진
(b) 선측에 고정하여 설치된 송수파기(transducer)

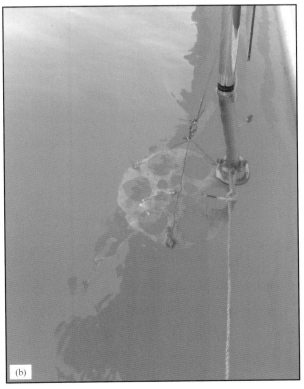

〈그림 4-6〉 (a) 음향측심기 송수파기 기둥에 설치된 DGPS 안테나
(b) 음속보정을 위한 바 체크(bar check)

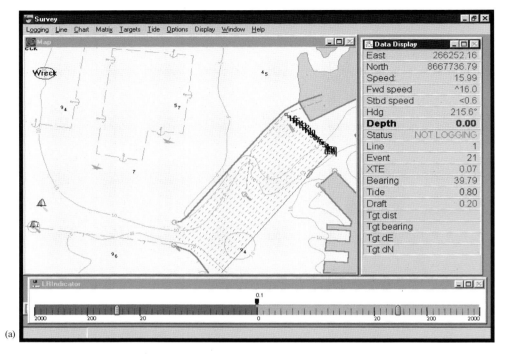

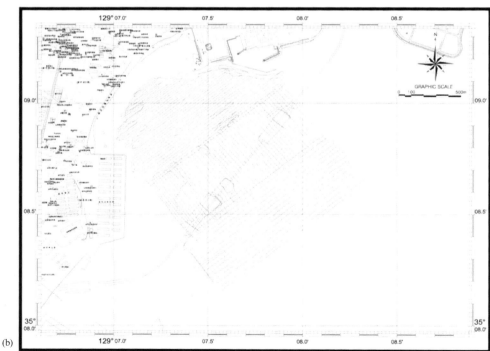

〈그림 4-7〉 (a) 내비게이션 프로그램을 이용한 조사측선 설계 및 위치자료 취득
(b) 실제 현장에서 운용한 조사측선의 예

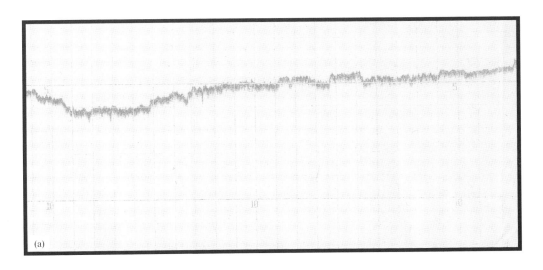

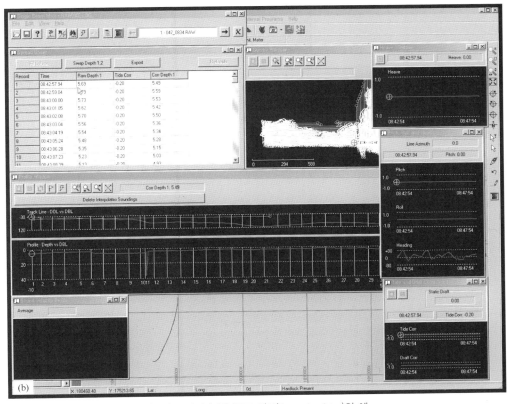

〈그림 4-8〉 (a) 아날로그 자료(thermal printer)의 예
(b) 내비게이션 프로그램을 이용한 디지털 위치자료와 수심자료 자료처리의 예

〈표 4-1〉 검조소 조위자료의 예

Time	조위(cm)
12:00:50	274
12:10:50	259
12:20:50	243
12:30:50	229
12:40:50	213
12:50:50	199
13:00:50	181
13:10:50	167
13:20:50	146
13:30:50	135
13:40:50	107
13:50:50	95
14:00:50	80
14:10:50	77
14:20:50	60
14:30:50	47
14:40:50	34
14:50:50	23
15:00:50	11

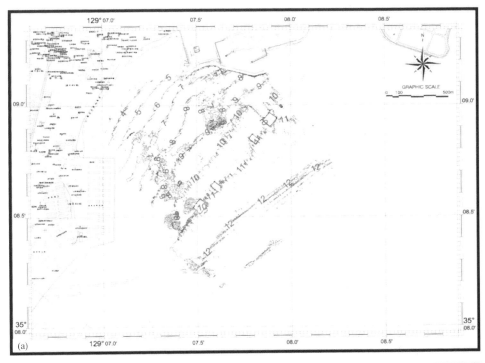

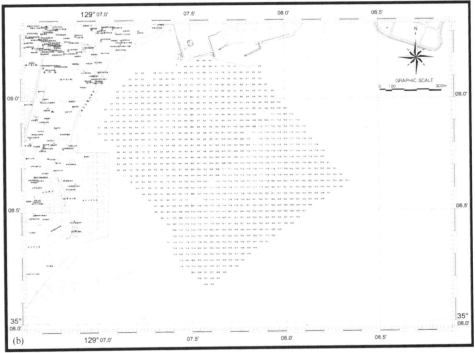

〈그림 4-9〉 수심자료 처리결과 예 (a) 등수심도 (b) 격자수심도

4.2.2 다중빔음향측심기를 이용한 수심자료 취득

다중빔음향측심기는 자료취득과정에서부터 자료처리과정까지 획득되는 수심자료가 방대한 만큼 장비운용과 자료처리에 있어 단일빔음향측심기에 비해 복잡한 과정을 거친다 (그림 4-10).

다중빔음향측심기의 기본적인 시스템의 구성은 송수파기, DGPS GYRO Compass, SVP (Sound Velocity Profiler) Sensor, Motion Sensor 및 Workstation PC로 구성된다(표 4-2, 그림 4-11).

수심자료 취득을 위해 음파를 발생시키고 해저면에서 반사되어 들어온 신호를 받는 소나헤드(sonar head)의 움직임을 최소화하기 위한 가장 좋은 위치는 선박의 용골이지만 측량선을 제외하고는 그 설치에 무리가 있다. 따라서 임차선박을 이용한 조사를 수행할 경우 조사선박의 중앙측면에 소나헤드를 장착할 수 있는 프레임을 설치하여 고정시킨다(그림 4-12, 4-13). 선박의 중앙에 해당하는 임의의 점을 기준점(reference position)으로 선정하여 모션센서, 자이로콤퍼스, DGPS, 소나헤드를 설치하고 각각 장비들의 오프셋 값을 정확히 측정하며, 측정된 값을 다중빔음향측심 자료를 취득하는 상용프로그램에 입력하여 선박의 거동을 정확하게 반영하여야 한다(그림 4-14).

본 탐사에 앞서 소나헤드의 방향성을 정확하게 파악하고 보정하기 위하여 roll, pitch, heading, latency에 대한 패치테스트(patch test)를 반드시 수행하여 그 결과 값을 도출하는데 이는 다중빔음향측심기를 이용한 수심자료 취득에 있어서 매우 중요한 과정 중의 하나이다(그림 4-14).

다중빔음향측심 자료취득 시 최외각 빔의 수심자료는 신뢰성이 떨어지므로 자료취득시 측선간격을 조절하여 150% 이상 중첩률을 가질 수 있도록 측선을 설계한다. 이러한 중첩률은 대상 수심과 조사목적에 따라 달라질 수 있으므로 조사 전에 충분히 검토 후 측선 설계를 하여야 한다(그림 4-15).

다중빔음향의 특성상 음파의 진행속도는 수층의 온도, 밀도, 압력 등과 매우 밀접한 관련이 있다. 따라서 음파의 진행속도를 정확하게 보정하기 위하여 음속도측정기(sound velocity profiler)를 이용하여 1일 2회 이상씩 음속 단면을 취득하여 음속도 보정을 수행한다(그림 4-16).

다중빔음향측심의 자료취득, 처리, 결과 도출에는 많은 상용화된 프로그램들이 있다. 이들 프로그램들은 제작사마다 장단점을 가지고 있기 때문에 필요에 따라서 사용자가 선택하여 사용하면 된다(그림 4-17). 단일빔음향측심기와 마찬가지로 조위보정은 조사지역 최근거리 검조소의 실시간 측정 자료를 이용한다.

　다중빔음향측심기에 의해 획득되고 처리된 자료는 정밀수심자료이기 때문에 가시적인 결과물의 도출이 용이할 뿐만 아니라 연구나 사업목적에 따라 다양한 형태의 이미지자료를 제공할 수 있다(그림 4-18, 4-19, 4-20).

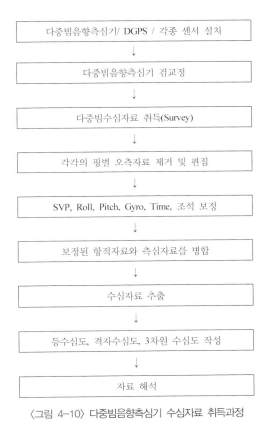

다중빔음향측심기/ DGPS / 각종 센서 설치
↓
다중빔음향측심기 검교정
↓
다중빔수심자료 취득(Survey)
↓
각각의 핑별 오측자료 제거 및 편집
↓
SVP, Roll, Pitch, Gyro, Time, 조석 보정
↓
보정된 항적자료와 측심자료를 병합
↓
수심자료 추출
↓
등수심도, 격자수심도, 3차원 수심도 작성
↓
자료 해석

〈그림 4-10〉 다중빔음향측심기 수심자료 취득과정

〈표 4-2〉 다중빔음향측심기의 시스템 구성

항목	기능
다중빔음향측심기 송수파기	다중빔음파 송신 및 수신
정밀위치측정기(DGPS)	측심지점의 정확한 위치자료
GYRO Sensor	진북을 기준으로 한 선수의 회전각 정보
SVP Sensor	조사대상 해역의 수직음파전달속도 정보제공
Motion Sensor	선박의 Heave, Roll, Pitch 변화량 취득
Computer	각종 센서자료를 취득, 통합

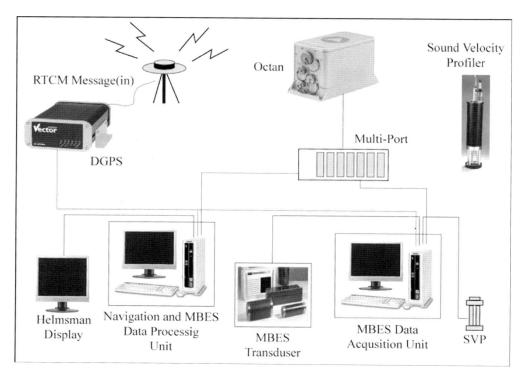

〈그림 4-11〉 다중빔음향측심기 시스템 구성도

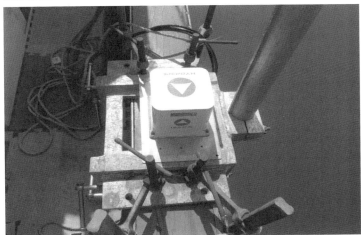

〈그림 4-12〉 다중빔음향측심기 현장설치 과정

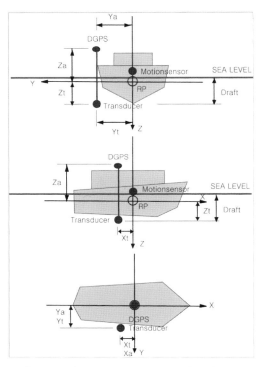

〈그림 4-13〉 다중빔음향측심기 오프셋(offset) 측정

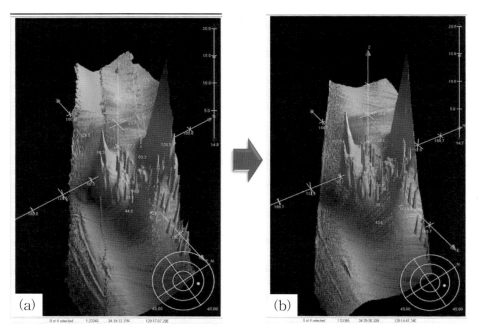

〈그림 4-14〉 패치테스트(patch test) 결과 입력 전(a)과 후(b)의 자료비교 예

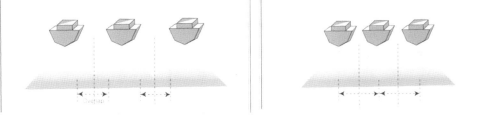

〈그림 4-15〉 다중빔음향측심기의 자료취득 중첩률 (a) 150% (b) 200%

〈그림 4-16〉 (a) 음속보정을 위한 음속도 측정
(b) 현장자료취득 화면

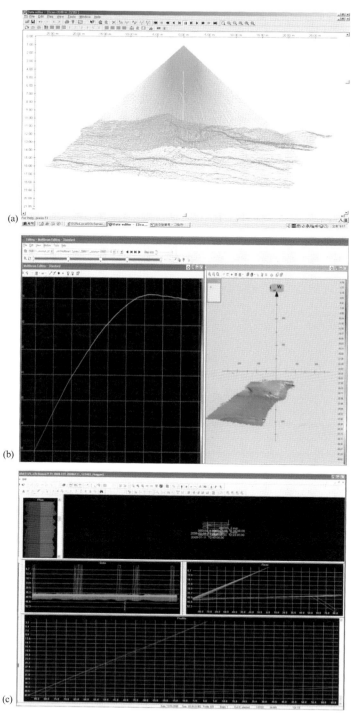

〈그림 4-17〉 다중빔음향측심 자료처리 프로그램 예
(a) Navi Edit (b) PDS2000 (c) HIPS and SIPS

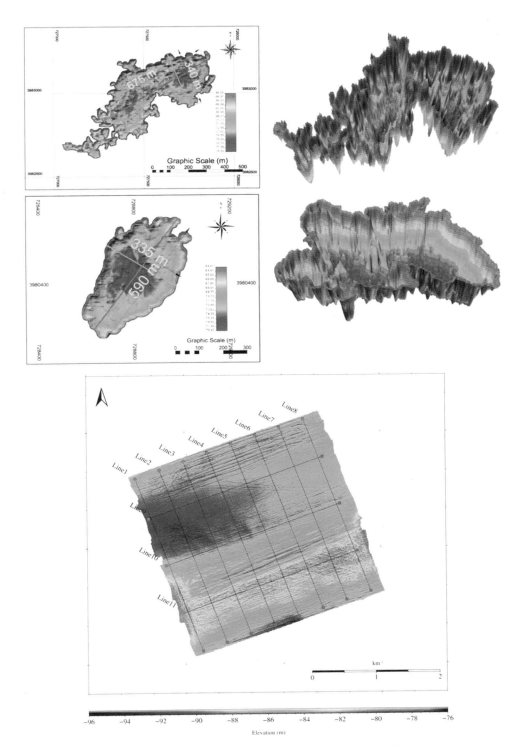

〈그림 4-18〉 인위적인 퇴적물(바다모래) 채취로 인한 해저지형 변화의 예

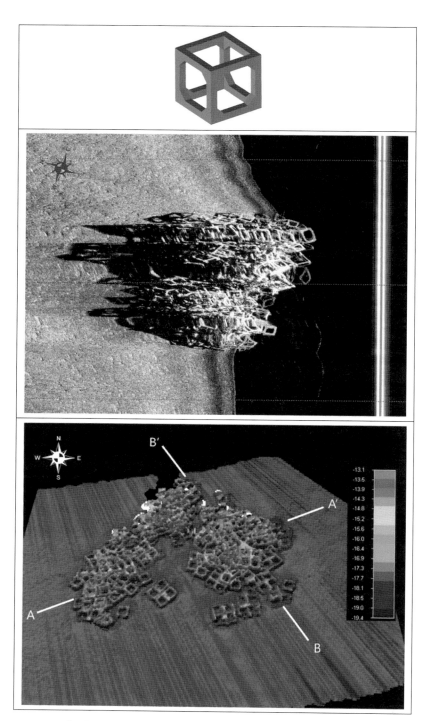

〈그림 4-19〉 인공어초 사후관리에 적용된 다중빔음향측심 자료의 예.
사각어초가 해저에 산적되어 있는 사이드스캔소나 영상

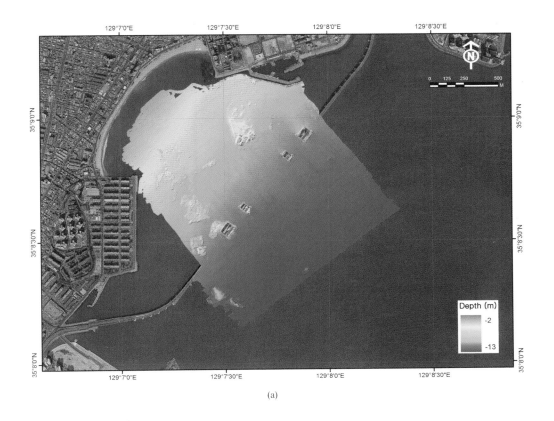

(a)

(b)

〈그림 4-20〉 GIS기법을 이용한 다중빔음향측심 자료의 예.
(a) 2차원 수심도 (b) 3차원 수심도

4.3 기기종류

4.3.1 단일빔음향측심장비 종류

제품명	제작사	홈페이지 주소
EA 400	Kongsberg Maritime	www.km.kongsberg.com
AquaRuler Series	소나테크(주)	http://www.sonartech.com
Sea Scan HDS	Marine Sonic Technology	http://marinesonic.us
Echotrac MKIII	Odomhydrographic	www.odomhydrographic.com
4600	Edge Tech	http://www.edgetech.com
853 Echo Sounder	Imagenex Technology	http://www.imagenex.com
Tritech SeaKing 700 Series	Tritech International	http://www.tritech.co.uk

4.3.2 다중빔음향측심 장비 종류

4.3.2.1 Kongsberg 다중빔음향측심기(www.km.kongsberg.com)

Model	Frequency	Min/max depths*)	Max swath width	Comments
GeoSwath Plus	125, 250 or 500kHz	0.5～200m	12xD/780m	11
EM 2040	200～400kHz	0.5～500m	5.5xD/500m	
EM 3002	300kHz	0.5～250m	4xD/200m	
EM 3002D	300kHz	0.5～250m	10xD/250m	6
EM 710RD	70～100kHz	3～600m	5.5xD/800m	3, 7, 10
EM 710S	70～100kHz	3～1000m	5.5xD/1900m	1, 3, 8
EM 710	70～100kHz	3～2000m	5.5xD/2500m	1, 3, 9
EM 302	30kHz	10～7000m	5.5xD/10km	1, 2, 3, 4
EM 122	12kHz	50～11000m	5.5xD/35km	1, 3, 5

	Comments
1	This system is available in several sizes of transducers / beam widths: 0.5x1, 1x1, 1x2, 2x2, 2x4 (not EM 710) degrees
2	Also available as 4x4 degrees
3	Max. swath width is for the largest transducer configuration and acoustically hard bottom
4	Can be integrated with SBP 300 sub bottom profiler
5	Can be integrated with SBP 120 sub bottom profiler
6	Uses 2 sonar heads
7	RD model uses only short CW pulse
8	S model uses only CW pulses
9	The full EM 710 uses CW and FM sweep pulses
10	This system is available in transducers/beam widths: 1x2, 2x2 degrees
11	Phase measuring bathymetric sonar

4.3.2.2 Reson 다중빔음향측심기(www.reson.com)

Model	Type	Frequency (kHz)	Depth Range (below transducer)	Transducer Depth (pressurized)	Swath Coverage
SeaBat 7111	Multibeam Bathymetry Echosounders	100kHz	10m to 1000m	15m	150°
SeaBat 7112	Multibeam Sonar System for Diver Detection	100kHz	120m	15m	360°
SeaBat 7122	High-Resolution Forward-Looking Sonar	100kHz with 400kHz (optional)	300m	300m	128º
SeaBat 7123	Triple-Frequency Forward-Looking Sonar	110/240/455kHz	300m	300m	120º / 90º / 45º
SeaBat 7125	Multibeam Bathymetry Echosounders	200/400kHz	200m to 600m	400m (standard) to 6000m (option)	128º
SeaBat 7125-AUV	High Resolution Multibeam Echosounder System	200/400kHz	200m to 500m	400m (standard) to 6000m (option)	128º
SeaBat 7128	Multibeam Imaging Sonars	200/400kHz	400kHz 200m	400m (standard) to 6000m (option)	128°
SeaBat 7150	Multibeam Bathymetry Echosounders	12kHz or 24kHz (nominal w/ dual freq. option)	200m to 15000m	Surface RM	150º
SeaBat 8101	Multibeam Bathymetry Echosounders	240kHz	300m	120, 1,500 and 3,000m	7.4x water depth
SeaBat 8124	Multibeam Bathymetry Echosounders	200kHz	400m	100m	3.5x water depth
SeaBat 8125	Multibeam Bathymetry Echosounders	455kHz	120m	400m and 1500m	3.5x water depth
SeaBat 8128	Multibeam Imaging Sonars	455kHz	120m	600 and 1500m	120□ (horizontal) by 20□ (vertical)
SeaBat 8160	Multibeam Bathymetry Echosounders	50kHz	3000m	100m	Greater than 4x water depth

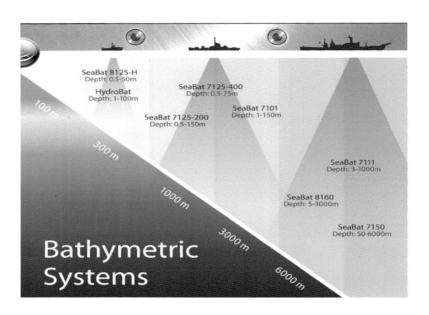

4.3.2.3 Elac 다중빔음향측심기(www.elac−nautik.de)

	System	Frequency	Beams	Width	max. Depth
Standard Systems					
Shallow Water	1185	180kHz	126	153°	300m
	1180	180kHz	126	153°	600m
Medium Water	1055	50kHz	126	153°	1.500m
	1050	50kHz	126	153°	3.000m
	1055D	180/50kHz	126	153°	1.500m
	1050D	180/50kHz	126	153°	3.000m
Premium Systems					
Medium Water	3050	50kHz	630	140°	3.000m
	3030	30kHz	630	140°	7.000m
Deep Water	3020	20kHz	205	140°	8.000m
	3012	12kHz	205	140°	11.000m

4.3.3 다중빔음향측심 자료취득 및 처리 프로그램 종류

프로그램명	자료취득	자료처리	홈페이지 주소
EIVA	NaviScan	NaviEdit	http://www.eiva.dk
PDS 2000	PDS 2000	PDS 2000	http://www.reson.com
QINSy	QINSy	QINSy	http://www.qps.nl
Hysweep	Hysweep	Hysweep	http://www.hypack.com
Caris HIPS &SHIPS	NONE	Caris HIPS	http://www.caris.com
MB-System	NONE	MB-System	http://www.ldeo.columbia.edu

사이드스캔소나

05

5.1 서론

 바다, 호수, 강 등 수중 및 해저면의 이상체에 대한 정보취득이나 상태와 관련된 정보취득에 유용하게 사용되는 해양장비 중 대표적인 것이 사이드스캔소나(side scan sonar)이다. 사용자에 따라서는 사이드스캔소나 외에도 측면주사음향탐사기, 양방향음파탐지기, 양방향음향탐사기 등의 명칭으로 사용되고 있다.

 사이드스캔소나는 1970년대부터 본격적으로 사용되기 시작하였으며 이후 국내에서는 국가관련 기관에서 일부 사용되다가 2000년 이후 본격적인 국내생산이 활발하게 이루어져 다양한 분야에서 활용성 높은 해양장비 중의 하나로 발전하였다(표 5-1).

 대표적으로 국립수산과학원에서 수행한 인공어초 사후관리사업과 같이 투하된 인공어초의 상태파악 등을 목적으로 지난 10년간 우리나라 전 해역에 걸쳐 방대한 양의 수중목표물인 인공어초의 탐색이 이루어졌으며 최근에는 인공어초 투하 전 적지선정을 위한 표층퇴적물의 분포특징, 암반의 분포상태 등 해저면에 대한 정보를 파악하는데 필수적인 장비로 사용되고 있다.

 수중목표물 탐색의 목적으로 침몰된 고선박 등을 탐사하는 수중문화재지표조사와 해저에 매설된 해저파이프라인, 해저케이블, 해저관로의 유지보수 등에도 사용되고 있다. 뿐만 아니라 군사적 목적의 수중이상체 탐사나 수산양식, 해양환경 분야에서도 다양한 용도로 운용되고 있는 장비이다.

<표 5-1> 국내 생산 중인 사이드스캔소나 예

제작사	DSME E&R	Sonar Tech
모델명	S-150D	Seaview 400
사용 주파수	100/400 or 400/1250㎑	455㎑
빔폭	400㎑ Horizontal: 0.3deg Vertical: 40deg	Horizontal: 0.2deg Vertical: 40deg
펄스길이	15~100μsec	3.25~100μsec
장비사진		

5.2 자료취득

사이드스캔소나는 수중에서 양방향으로 음파를 발생시키는 예인체(tow fish)를 예인하면서 수중이나 수중저에서 반사되어 온 음향신호를 영상으로 보여주는 장비이다(그림 5-1).

예인체로부터 발생된 음파는 조사목적에 따라 음파의 발생간격(ping rate), 주파수, 조사범위(range, swath)를 조절하면서 장비를 운용할 수 있다(그림 5-2). 일반적으로 해저면에 대한 정보를 취득하기 위해서 예인체의 예인 높이(altitude depth)는 조사면적(range)의 10% 이하로 예인할 때 좋은 자료를 도출할 수 있다. 얕은 수심에서 장비를 운용할 때에는 예인 높이의 조절이 가능하지만, 수심이 깊어질수록 예인체도 같이 깊게 넣어 운용하기 위해서는 하강보조기(depressor) 등의 장비를 이용하여 인위적으로 예인체가 해저면에 근접한 깊이에서 운용될 수 있도록 해야 양질의 영상자료를 취득할 수 있다.

수중 및 수중저의 좋은 영상자료 취득을 위해서는 특별한 경우를 제외하고는 조사선박 후방으로 충분한 거리만큼 예인체를 이격시켜 조사선박으로부터 발생되는 잡음(noise)을 최소화하도록 케이블을 운용한다.

또한 조사선박의 선속에 따라 취득되는 영상자료의 왜곡 정도가 달라질 수 있으므로 조사지역의 유속 등을 고려하여 조사선박의 운항속도를 적절하게 조절하며, 일반적으로 유속의 흐름이 적은 경우 3~5knots의 속도가 적당하다.

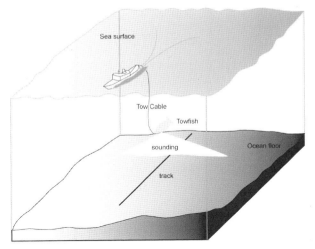

〈그림 5-1〉 사이드스캔소나 용모식도(www.ohti.co.jp/technology.htm)

〈그림 5-2〉 사이드스캔소나의 조사범위(swatch)

5.3 자료처리 및 해석

5.3.1 자료처리

개발초기의 사이드스캔소나는 부피가 큰 자료처리장치(data processing unit)와 열감지프린터(thermal printer)를 통한 아날로그 영상자료를 출력하거나 자기테이프(magnetic optical disk)등에 자료를 저장하였다. 급속한 컴퓨터 사업의 발전에 힘입어 최근 들어 대용량의 하드디스크와 자료처리장치에 의해 영상자료의 디지털화 및 고속자료처리가 가능해지면서 현장이나 실내에서 자료취득 및 분석이 매우 용이해졌다.

또한 실시간으로 정확한 위치정보자료(gps data)를 취득하고 예인체에 대한 예인조건 (layback) 등을 위치정보프로그램(navigation software)과 연동할 수 있게 되었고, 제작사에서 제공하는 통합프로그램을 통해 현장취득과 동시에 1차적인 자료해석이 가능하게 되었다(그림 5-3). 또한 대상물체의 상태(위치, 크기, 형태 등)에 대한 정보를 컴퓨터 모니터 상에서 다양한 형태로 볼 수 있도록 발전하였다(그림 5-4, 5-5).

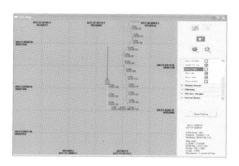

〈그림 5-3〉 GPS와 연동하여 자료취득을 위한 항적정보 및 자료취득 정보에 대한 다양한 화면을 지원하는 예(www.sonarbeam.com/)

〈그림 5-4〉 이상체 위치 마크 및 영상 캡처 예(www.sonarbeam.com/)

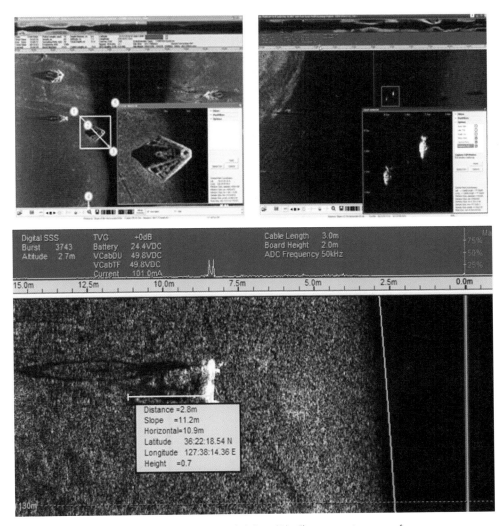

<그림 5-5> 자료의 확대 및 상세정보 파악 예(www.sonarbeam.com/)

사이드스캔소나에서 획득된 각각의 영상자료뿐만 아니라 영역개념의 모자이크 자료들은 GIS 관련 프로그램을 이용하여 조사지역의 수치해도나 항공사진, 위성영상자료 등과 함께 결과물을 만들어낼 수도 있다(그림 5-6). 이를 위해서는 장비제작업체나 GIS 관련 소프트웨어 업체에서 여러 종류의 프로그램들이 있으나 자료취득 시 수중예인체에 대한 정확한 위치계산이 필수적이다. 예인체의 정확한 위치정보는 예인 당시의 케이블 길이, 예인과정에서 조류나 해류에 의한 좌, 우측 이동 변위량 등에 대한 정확한 자료가 입력되어야 한다.

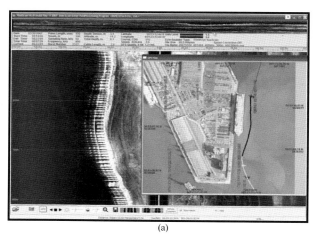

(a)

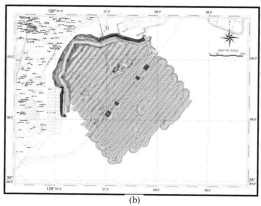

(b)

〈그림 5-6〉 GIS기법을 이용한 사이드스캔소나 자료 예
(a) 항공사진 자료와 조사측선 표시
(b) 수치지도 위에 모자이크 자료를 표시

5.3.2 자료해석

사이드스캔소나는 결과물이 영상(image)으로 보이기 때문에 자료취득의 원리나 해석에 관한 기본적인 지식습득을 통해 관련 전공자가 아니어도 일반적인 자료해석이 가능한 수중탐사장비라고 할 수 있다.

현재 국내외에서 생산되는 사이드스캔소나의 경우 예인체에서 수중으로 퍼져나가는 빔형태(beam patterns)는 측면 방향으로는 그 폭이 좁으면서 지향성이 좋고 아랫방향으로는 넓은 영역의 자료를 취득할 수 있는 형태로 설계되어 있다(그림 5-7). 이러한 독특한 빔 형태를 이해하고 있으면 현장에서 자료취득 시 대상 목표물에 따른 주사폭의 선택, 조사선박의 속도 등과 같은 장비운용에 필요한 조건들을 설정하는 데 많은 도움이 될 수 있다(그림 5-8).

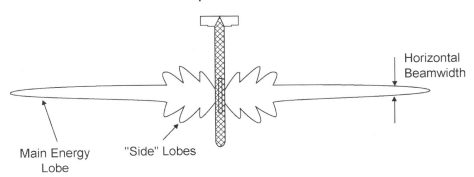

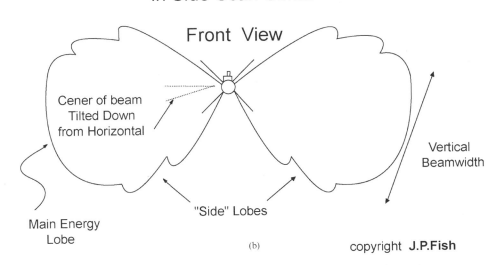

〈그림 5-7〉 소나빔의 형태(www.instituteformarineacoustics.org)
(a) 예인체(two fish)의 위쪽에서 본 빔의 형태
(b) 예인체의 정면에서 본 빔의 형태

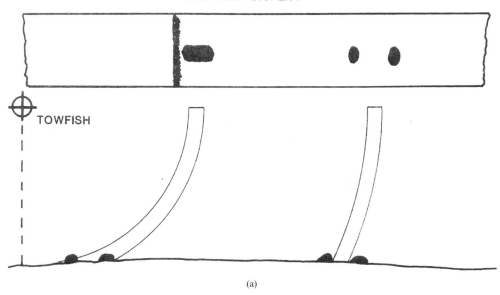

(a)

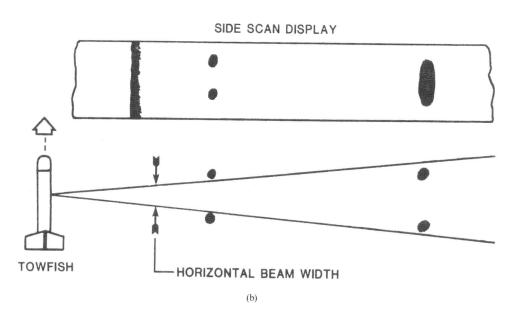

(b)

〈그림 5-8〉 소나빔의 해상도 예인체의 수평방향(a)과 진행방향(b)
(www.hydrakula.uni-kiel.de/downloads/Sidescan%20Sonar.doc)

5.3.2.1 목표물의 높이 계산

사이드스캔소나를 이용한 목표물 탐색이나 해저면 조사에서 해저면상에 존재하는 물체의 높이 산정은 다음과 같이 계산된다(그림 5-9).

$$Ht = Ls \times Hf \ / \ R \qquad\qquad (식 \ 5.1)$$

물체의 높이: Ht, 그림자의 길이: Ls, 토우피시의 고도: Hf

토우피시로부터 그림자 끝까지의 길이 R

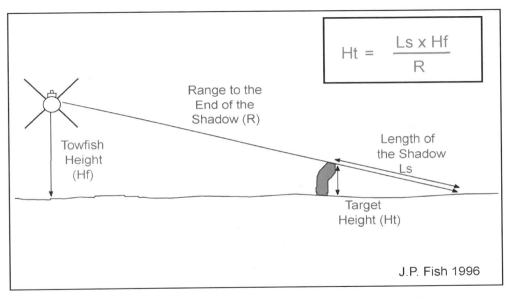

〈그림 5-9〉 해저면 위에 있는 물체의 높이 계산(www.instituteformarineacous)

5.3.2.2 예인체의 운용 깊이

사이드스캔소나의 영상해석은 예인체의 예인 깊이(altitude depth)에 따라서 해저면의 영상범위가 크게 좌우된다(그림 5-10). 수심이 깊은 지역에서 예인체가 수면에 가까운 위치에서 예인이 되면 수주부를 통과하는 거리가 길어지기 때문에 소나영상에서 가운데 부분이 넓어져 실제 수저부의 영상자료가 적게 취득된다(그림 5-11). 따라서 수심에 따라서 예인케이블을 조절하여 예인체의 깊이를 효과적으로 낮추어 좋은 영상자료를 취득하도록 해야 한다. 하지만 미지의 수중탐사에서 수면이나 수중, 해저에 분포하는 장애물들에 의해 예인체의 파손이나 분실의 위험이 높으므로 사전에 탐문을 통해 조사예정지의 수중이상체에 대한 정보를 충분히 취득 후 예인체의 예인방법이나 예인 깊이 등을 미리 계획한다.

5.3.2.3 예인속도의 차이

현장에서 자료취득을 할 때 조사선박의 선속은 매우 중요하다. 동일한 물체라도 선속에 따라서 그 형태가 정확하게 나타나거나 늘어진 형태 또는 아예 그 모양을 유추할 수 없는 형태의 자료로 취득될 수 있기 때문이다(그림 5-12, 5-13). 만약 목표물을 찾을 경우 광역조사에서는 비교적 느린 속도로 수중이상체의 유무를 판단할 수 있지만 그 이상체를 해석하기 위한 정밀 조사의 경우에는 적절한 예인속도가 필수적이다. 또한 조사해역의 해류나 조류 등에 의해서도 취득영상의 형태가 달라질 수 있는데, 조류가 흐르는 방향으로 예인체를 예인하는 경우가 조류를 거슬러 올라가면서 자료를 취득하는 경우보다 상대적으로 좋은 영상을 얻을 수 있다.

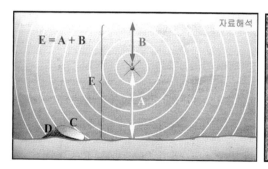
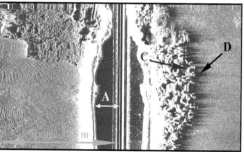

〈그림 5-10〉 사이드스캔소나 자료해석도(www.gematek.com)
A: 수저부에서 예인체까지의 거리, B: 수면에서 예인체까지의 거리
C: 이상체, D: 이상체 그림자, E: 수심

〈그림 5-11〉 동일한 예인 깊이로 예인했을 경우 수심에 따라 사이드스캔 결과 영상의 차이. 영상의 가운데 부분의 폭의 차이가 수심의 차이로 이해하면 됨

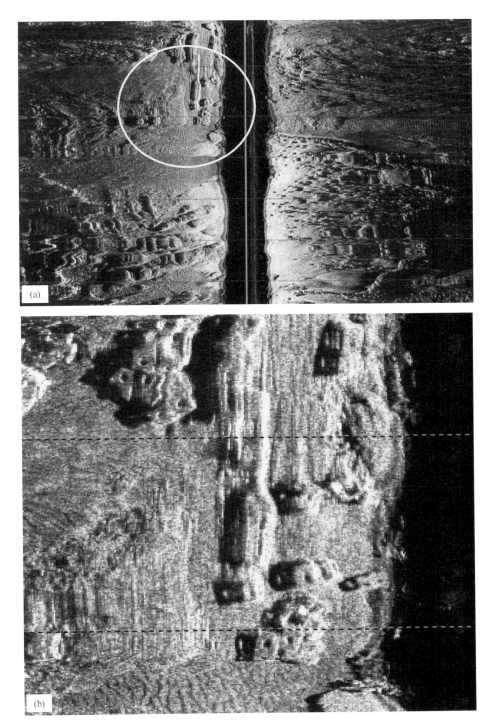

〈그림 5-12〉 (a) 조사선박의 선속에 따른 목표물의 늘어짐 현상
(b) 노란색 부분의 영상을 확대한 사진

〈그림 5-13〉 조사선박의 선속에 따른 목표물의 늘어짐 현상.
속도에 따라 타이어 영상의 차이를 볼 수 있음

5.3.2.4 수중저면의 반사특성

사이드스캔소나를 통한 정보취득 중 목표물 탐색 이외에 가장 널리 사용되고 있는 분야 중의 하나가 해저면의 상태에 대한 자료취득이라고 할 수 있다. 일반적으로 해저면에서 반사되어 온 음향특성에 따라 암석, 자갈, 모래, 뻘 등을 거의 정확하게 구분 지을 수 있으며 모래나 뻘이 혼재되어 나타나는 지역의 경우 해저면에 노출된 퇴적구조 등의 특성을 통해 해저면의 상태를 구분 지을 수 있다(그림 5-14, 5-15, 5-16).

5.3.2.5 수중의 반사특성

목표물 탐색이나 해저면의 지질특성 파악 이외에도 수중의 어류의 군집분포 양상이나 양식장 시설의 상태 등 수산, 양식 분야에서도 사이드스캔소나 자료를 통한 조사 분석이 활발하게 이루어지고 있다(그림 5-17). 자료의 특성상 이동하는 어류의 경우 그 자료취득이 힘들긴 하지만 1,000kHz 이상의 고주파 사이드스캔소나를 이용하면 군집어류의 규모나 크기 등에 대한 정보도 취득할 수 있다.

〈그림 5-14〉 해저면 구성성분에 따른 사이드스캔소나 영상의 예
(a) 암반우세지역 (b) 사질퇴적물이 우세한 연흔(ripple)이 잘 발달되어 있는 지역

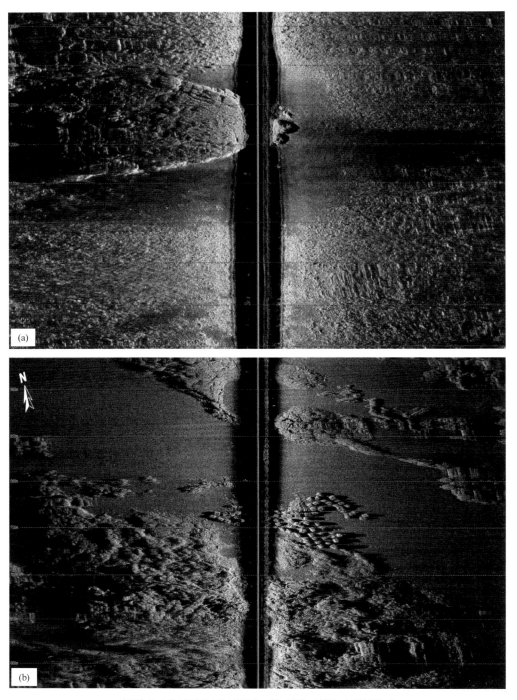

〈그림 5-15〉 해저면 구성성분에 따른 사이드스캔소나 영상의 예
(a) 암반과 자갈이 우세지역
(b) 암반 사이에 사질퇴적물이 우세하지만 연흔발달이 미약한 지역

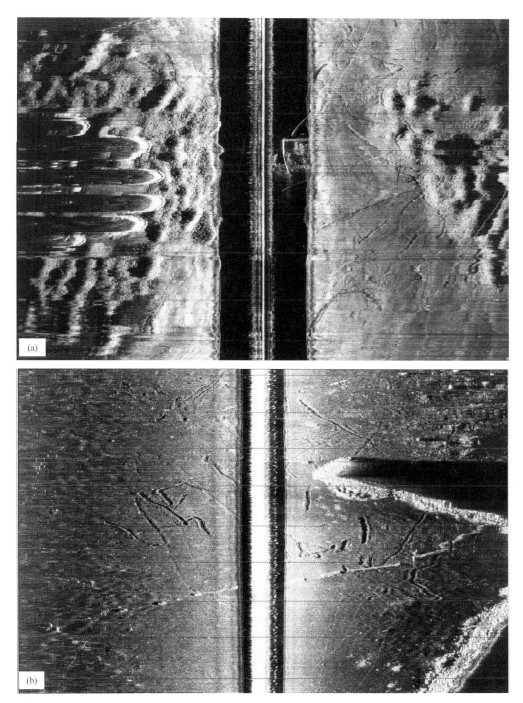

〈그림 5-16〉 해저면 구성성분에 따른 사이드스캔소나 영상의 예
(a) 니질퇴적물이 우세한 지역 (b) 앵커에 의한 자국이 선명하게 나타남

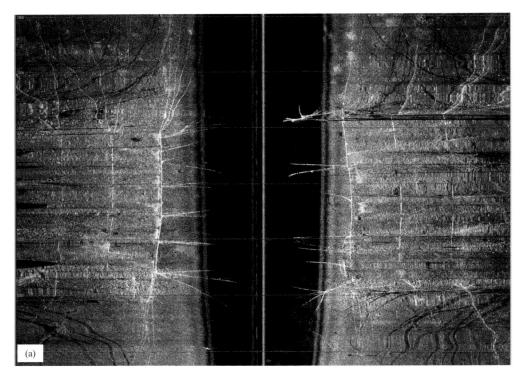

■ School of Fish_1250kHz / 30m Swath

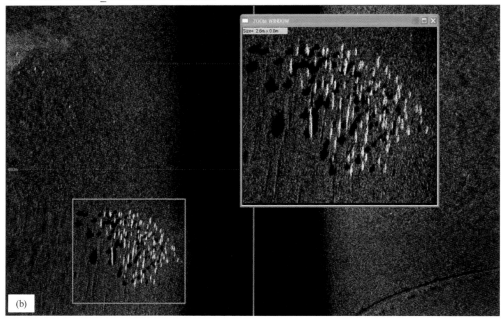

〈그림 5-17〉 수산, 양식 분야에 적용된 사이드스캔소나 영상 예
(a) 가두리양식장 주변 영상자료 (b) 고기떼

5.4 자료해석 시 고려사항

5.4.1 그림자

사이드스캔소나는 수중 예인체를 통해 자료를 취득하는 장비이기 때문에 수중에서 예인체의 주사각도에 따라 높이를 가지는 목표물의 형상이 다르게 나타날 수 있다(그림 5-18). 이러한 예는 동일한 막대를 운동장에 세워놓고 시간에 따라 그림자의 길이가 변하는 양상과 비슷하다고 할 수 있다. 뿐만 아니라 특정한 부피와 모양을 가지는 목표물에 대해 어떠한 각도로 소나빔이 투사되느냐에 따라 원래의 형상이 나타날 수도 있고 그렇지 않을 수도 있다. 그렇기 때문에 사이드스캔소나 영상을 해석하고자 할 때는 찾고자 하는 형상에 대한 3차원적인 개념을 가지고 해석을 한다면 보다 더 신뢰성 있는 자료의 해석이 될 것이다.

5.4.2 회전

현장에서 일정한 조사측선간격을 설정하여 조사를 할 때 측선과 측선 간의 이동 중 연속적인 자료의 취득이 필요할 경우 선박이 회전할 때의 자료에 대한 해석은 매우 중요하다. 왜냐하면 조사선박이 회전하는 동안 예인체의 안쪽 부분 영상자료는 바깥쪽을 향하는 영상자료에 비해 상대적으로 적은 면적을 영상화하게 된다(그림 5-19). 특히 목표물 탐색의 경우에는 비슷한 영상이 재현될 수 있지만 지형조사의 경우에는 존재하지도 않는 지형이 나타나기도 한다. 따라서 곡선 부분에 대한 자료취득 시에는 조사선박의 속도조절을 통해 예인체의 회전반경을 적절히 조절하면서 자료취득을 하여야 하며 이로부터 획득된 자료를 해석할 경우는 주변 자료와 비교를 통해 잘못된 해석이 되지 않도록 해야 한다.

5.4.3 잡음

사이드스캔소나를 운용하기 위해 필요한 전원은 소형선박의 경우 휴대용발전기나 충전된 배터리를 사용한다. 과거에는 자료에 영향을 미치는 미세한 전압변화를 제거하기 위해 무거운 배터리 전원(DC)을 사용하였으나 최근에는 안정화된 발전기의 개발로 사이드스캔소나 영상에 미치는 노이즈는 상대적으로 많이 줄어든 편이다. 하지만 미세한 전압변화에도 민감하게 반응하는 영상장비인 만큼 현장운용에 있어서 전압의 변화가 생기지 않도록 하여야 한다. 휴대용발전기를 이용하여 장비를 운용할 경우 전원을 사용하는 모든 장비에 접지가 잘 될 수 있도록 하여 장비 상호 간의 잡음을 최소화한다(그림 5-20).

자료취득 장치가 대부분 컴퓨터 장치이기 때문에 이동 중이나 외부충격, 선박의 진동에 의해 결합 부분에 이격이나 이물질 등으로도 잡음이 발생할 수 있다. 이러한 물리적인 진동에 의한 잡음은 순간적인 접점 이상으로 인해 자료취득장비에 심각한 영향을 초래할 수 있으므로 장비의 유지보수에도 많은 노력을 해야 한다.

사이드스캔소나 운용과정에서 생기는 잡음도 있지만 예인체를 수중에 예인하여 자료를 취득하는 중 주변에 생성될 수 있는 다양한 형태의 잡음들도 자료해석에 크게 영향을 미친다(그림 5-21). 이와 같은 현상은 자료취득과정에서 필히 야장에 기록하여 실내분석 시에 영상해석의 오류가 생기지 않도록 하여야 한다.

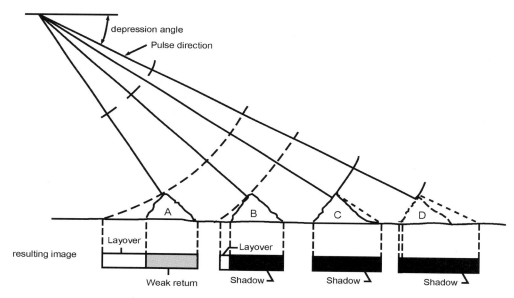

〈그림 5-18〉 사이드스캔소나 이미지에서 입사각에 따른 효과

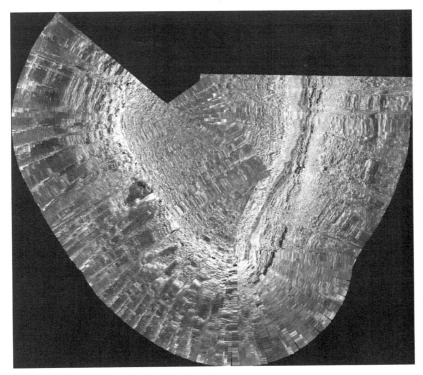

〈그림 5-19〉 선박의 회전 시 나타나는 왜곡된 이미지

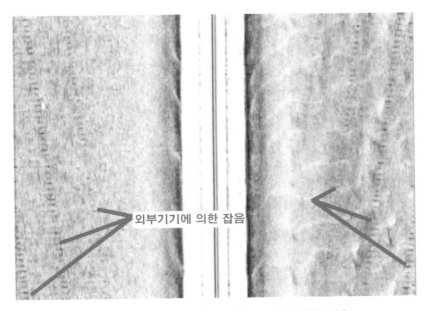

외부기기에 의한 잡음

〈그림 5-20〉 기계적인 잡음(붉은 선으로 표시하고 있는 부분)

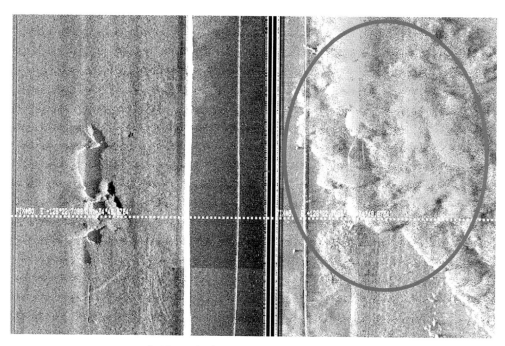

〈그림 5-21〉 타 선박의 운행으로 인한 잡음(우현)

5.5 기기종류

제품명	제작사	홈페이지 주소
S-150 Series	DSME E&R Sonarbeam	http://www.sonarbeam.com
SeaView400 Series	소나테크(주)	http://www.sonartech.com
System 5900	L3 Klein Associates	http://www.l-3klein.com
4125	Edge Tech	http://www.edgetech.com
878 RGB	Imagenex Technology	http://www.imagenex.com
SHADOWS	IXSEA	http://www.ixsea.com
SeaKing Towfish	Tritech International	http://www.tritech.co.uk
C3D	Teledyne Benthos	http://www.benthos.com

고해상 탄성파탐사

06

6.1 서론

탄성파탐사는 크게 반사법과 굴절법으로 구분하여 미고결 퇴적층이나 암석층의 두께나 지질구조 등의 정보를 얻고자 수행하는 지구물리탐사 방법의 하나이다. 탄성파탐사 중 일반적으로 호수나 강 그리고 해양의 상부퇴적층에 대한 정보를 취득하기 위해 1kHz 이상의 고주파대역을 가지는 음원을 이용하여 자료를 취득하는 탐사를 고주파 지층탐사라 하며 고주파탐사의 경우 매질에 따라 양상은 다르지만 일반적으로 분해능(resolution)이 좋아 고해상 탄성파탐사(high resolution seismic survey)로 구분할 수 있다(그림 6-1, 6-2, 6-3).

고해상도 탄성파탐사 장비 중 해수면 부근에서 음파를 발생시키고 해저면 하부로부터 반사된 신호를 수신하여 왕복시간과 그 강약을 기록장치에 연속적으로 표시하는 장비를 고주파지층탐사기(high frequency subbottom profiler)라고 한다(그림 6-4).

가장 일반적으로 사용되는 고주파지층탐사기는 고주파수 대역으로 투과력은 작으나(수 m~수십m) 분해능이 우수한(수십cm) 음원을 사용하기 때문에 정밀음파탐사가 가능하다. 일반적으로 탄성파의 분해능은 파장의 1/4 정도인데 주로 3.5kHz(퇴적층 내에서의 음파전달속도를 1,500m/s로 가정하면 파장은 42cm)를 사용하기 때문에 분해능이 수십cm 정도이며, 따라서 천부 탄성파 층서 및 퇴적층 분류나 매몰 이상체 탐사 등의 조사에 적합하다.

고주파지층탐사는 해저퇴적층의 지층구조나 기반암의 형상을 반사기록으로부터 시각적으로 파악할 수 있도록 하기 때문에 수중에 건설되는 교량이나 해상의 방파제, 부교의 기초지반의 심도 확인, 인공섬이나 매립지의 연약층 분포상황, 해상풍력 발전기 건설과 같은 해양구조물의 기초지반 조사에 활용된다. 고주파지층탐사는 포인트(point) 개념의 해상시추의 자료와 병행하여 공간적인 지층분포를 알 수 있는 장비이다. 연안해역에서의 지질구조 조사나 해저지질도의 작성과 같은 광역의 해저지질구조 조사에도 사용된다.

　　우리나라의 경우 한국지질자원연구원, 한국해양연구원과 국립해양조사원 등 국책 연구소나 국가기관에서 많이 사용하고 있으며, 수로조사업체나 해양지질 관련 탐사업체에서도 고주파지층탐사기를 이용한 탐사가 지속적으로 늘어나고 있는 실정이다.

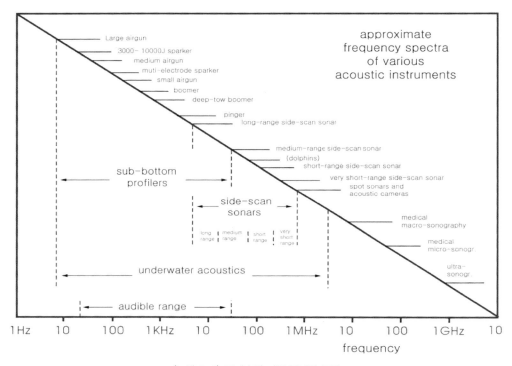

〈그림 6-1〉 주파수에 따른 장비의 종류

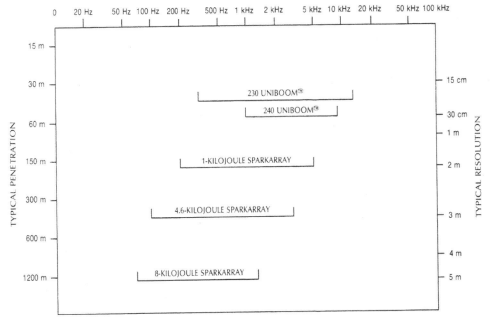

〈그림 6-2〉 탄성파 반사법에 사용되는 음원의 주파수와 분해능, 투과심도

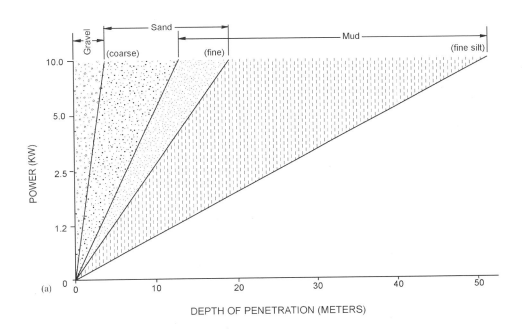

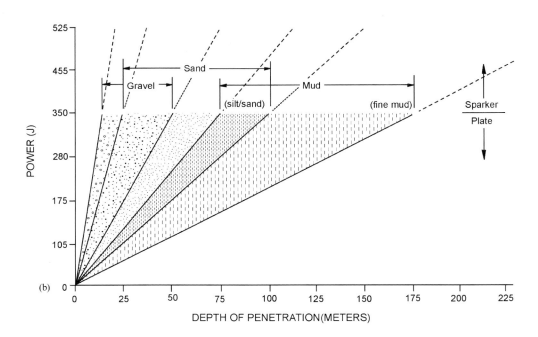

<그림 6-3> 탄성파 반사법에 사용되는 음원 및 매질에 따른 투과심도의 차이. 동일한 주파수일 경우 출력이 커짐에 따라 투과심도가 깊어지고 조립질에 비해 일반적으로 미고결 세립질 퇴적물인 경우 투과심도가 깊어짐
(a) 3.5kHz subbottom profiler (b) Boomer

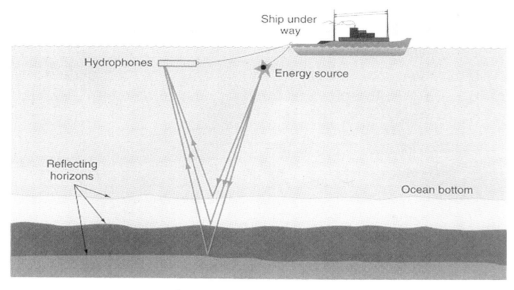

<그림 6-4> 탄성파 반사법 운용 모식도

6.2 자료취득

고주파지층탐사 자료취득을 위해서는 먼저 탐사의 정확한 목적을 파악하고 탐사심도, 해상도를 확보할 수 있는 탐사기를 선정하여야 한다. 본 책에서는 고주파지층탐사기 중 미국 TELEDYNE BENTHOS사의 Chirp Subbottom Profiler(Chirp II)의 장비를 예로 그 과정을 설명하고자 하며, 이해를 돕기 위해 일부 Sparker 자료를 본문에 첨부하였다.

고주파지층탐사 장비는 신호를 제어하는 부분(transceiver)과 제어된 신호를 보내고 받는 부분(tow vehicle), 획득된 신호를 처리(digital signal processor)하고 보여주는 부분(display)으로 구성되어 있다(표 6-1, 그림 6-5). 고주파지층탐사기 송수파기가 장착된 tow vehicle은 조사선박 측면 수면 약 1m 깊이에 설치하여 예인한다(그림 6-6). 음원 발생은 수심과 투과 깊이를 고려하여 설정하며 취득된 자료는 이득(gain)조절, 주파수 필터링 등을 이용하여 신호대잡음비(S/N ratio)를 향상시켜 Chirp II에 실시간으로 저장하며 실내 정밀지층분석을 위해 사용한다.

DGPS와 내비게이션 소프트웨어를 통해 조사측선의 설정과 실시간 위치정보에 대한 자료를 저장하고 수심에 평행한 횡방향의 주측선과 등수심선을 가로지르는 종방향의 검측선을 설정하여 자료를 취득한다(그림 6-7).

〈표 6-1〉 고주파지층탐사기(Chirp II system)의 제원

Model	Chirp Sub-bottom Profiler(Chirp II)
Manufacturer	TELEDYNE BENTHOS
Digital signal processor (DSP-601)	Intel 50486 processor, 16bit A/D converter SISI DVD Driver
Transceiver (DSP-602)	Transmit rate: 4 pings/sec. maximum; user-set Transmit pulse length: 5msec. to 50msec. Programmable gain: 0-90db in 6db increments
Display(DSP-603)	17 ″ Monitor
Tow vehicle (TTV-170)	Frequency: 2-7kHz, AT-471 Transducer AT-100R8T linear Hydrophone

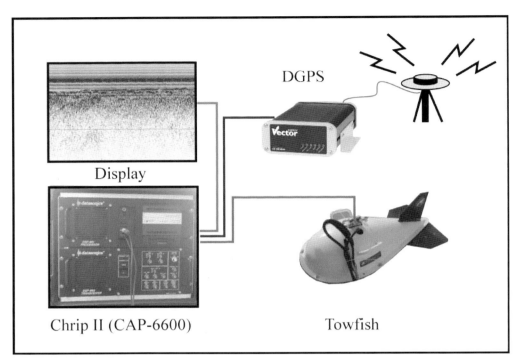

〈그림 6-5〉 고주파지층탐사기 구성도

〈그림 6-6〉 고주파지층탐사기 현장설치 운용 사진
(a) 본체 (b) Tow Vehicle 수중예인 사진

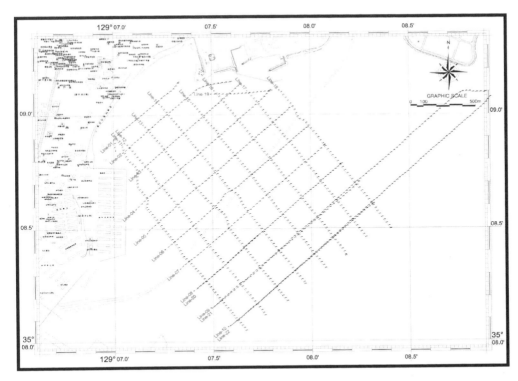

〈그림 6-7〉 고주파지층탐사기 자료취득 항적도 예

6.3 자료해석

일반적으로 고주파지층탐사의 목적은 획득된 자료에 나타나는 주요 반사면에 대한 해석을 통해 해저면 하부에 분포하는 퇴적층이나 음향기반암(acoustic basement)을 해석하는 것이다. 일반적으로 단면도의 X축은 조사측선의 거리나 샷 횟수(shot number)를 나타내며 Y축은 반사면까지 도달한 시간(travel time 또는 왕복주시; two way travel time)을 나타낸다. 반사시간의 경우 수중이나 퇴적층에 대한 속도정보를 알 수 있을 경우 그 값을 적용하여 반사면까지의 깊이(depth)로 작성할 수 있다(그림 6-8).

수면이나 해저의 지층 내에서 다중반사가 일어나기 쉬운데, 단일채널 탄성파탐사로는 다중반사파 제거가 어려우므로 해석 시 지층경계에서의 반사와 다중반사를 정확하게 구별하는 것이 중요하다. 하지만 단일채널 해상탄성파탐사는 발파간격을 조밀하게 측정하므로 다중채널 탐사기록에 비해 세밀한 반사양상을 볼 수 있다.

획득된 현장자료에서 처리과정을 거친 단면도는 반사의 양상, 반사파 진폭의 대소나 연속성에 착안하여 음향적인 반사특성을 구분하고, 기존의 지질조사 자료와 대비해 퇴적물의 특성, 지형, 지질 등을 고려하여 최종단면도를 작성한다. 그 기록을 바탕으로 조사지역에 대해 해석한다.

우리나라 주변해역에서 고주파지층탐사기를 이용해 획득된 단면도를 예를 들어 일반적인 자료해석 방법에 대해 설명하고자 한다.

고주파지층탐사에서 수면, 해저면과 같이 음향임피던스(acoustic impedance)가 뚜렷이 구분되는 경계면에서는 반사면이 명확하게 구분되어 나타난다(그림 6-8, 6-9, 6-10, 6-11). 고주파지층탐사 특성상 강한 반사강도를 가지는 암반지역이나 얕은 수심에서 탐사할 경우 다중반사면이 빈번하게 나타날 수 있는데 이러한 다중반사면은 수직, 수평적인 단면도의 비율을 고려하지 않을 경우 자칫 하부반사면으로 오해할 경우가 있으므로 정확한 해석이 필요하다(그림 6-9, 6-10). 균질한 세립질 퇴적물이 우세할 경우 내부에 반사면이 나타나지 않는 투명한 반사(transparent reflection)가 나타나며(그림6-9), 지역에 따라서는 내부 반사면이 퇴적체 발달 방향으로 전진구축하는 형태를 보이기도 한다(그림6-11). 반면 해저면 하부 모래의 함량이 높은 퇴적층이 나타날 경우 해저면의 반사가 강하게 일어나면서 해저면 하부 내부층리가 거의 나타내지 않는 반사특징을 가진다(그림 6-9, 6-10). 모래질 또는 니질퇴적물이 혼재되어 나타날 경우 내부반사면은 불규칙하거나 어느 정도 내부반사면이 나타날 경우도 있다. 암반이 우세한 지역에서는 표층에서 강한 반사가 일어나며 하부로 더 이상 투과하지 못하는 특징을 볼 수 있다(그림 6-10). 해저면상에 이상체(인공어초 등)나 골재채취와 같은 인위적인 변화가 있는 경우 불규칙하거나 쌍곡선 형태(hyperbolic)의 반사단면도가 나타난다(그림 6-10).

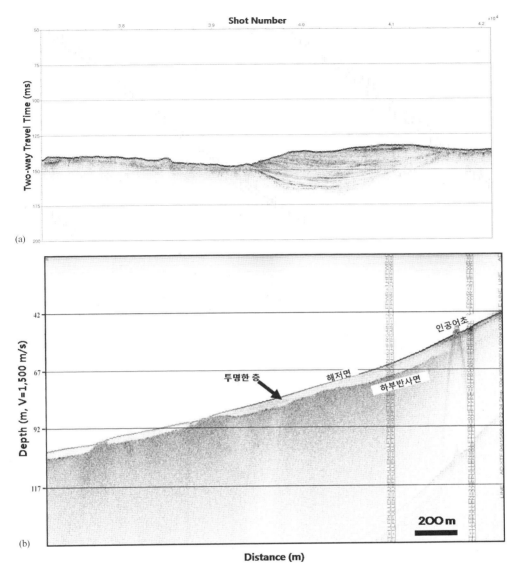

(a)

(b)

〈그림 6-8〉 고주파지층탐사기 단면도 X, Y축 표시 방법 예
(a) X축을 shot number로 표시하고 Y축을 왕복주시로 표현한 예
(b) Y축을 음파전달속도를 1,500m/s로 계산하여 깊이로 표시하고 X축을 거리로 표시한 예

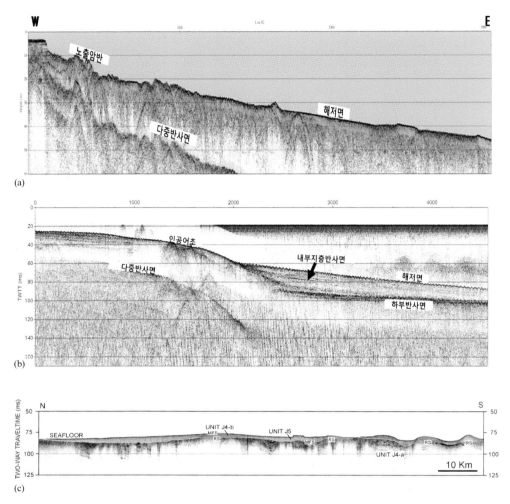

〈그림 6-9〉 우리나라 주변해역 고주파 지층탐사 단면도 예
(a) 강원도 연안 인공어초 적지조사,
(b) 부산 송정주변 연안, (c) 제주 남부해역 지층 단면도(Chirp profiler)

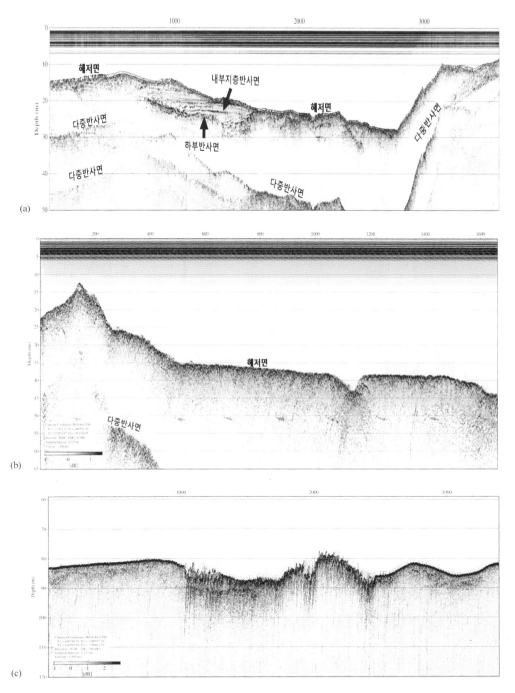

〈그림 6-10〉 우리나라 주변 해역 고주파지층탐사 단면도 예
(a) 서해안 조간대 주변 해역 (b) 평탄 암반 우세지역 (c) 골재채취 해역

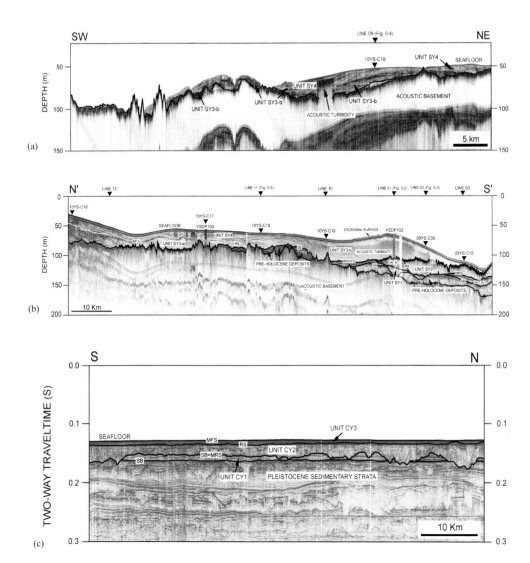

〈그림 6-11〉 우리나라 주변해역 고주파 지층탐사 단면도 예.
(a) 한국 남서부 연안 니질대(Chirp profiler) (b) 한국 남서부 연안 니질대(Sparker system)
(c) 서해 중부해역 지층 단면도(Sparker system)

　　우리나라의 경우 동, 서, 남해역의 고주파지층탐사 결과, 특징적인 단면도들이 많이 나
타나는데 동해의 경우 대륙붕 이후 대륙사면, 대륙대를 걸쳐 2,000m 이상의 수심을 보이
는 지역까지 분포하고 있다. 이들 지역은 서해나 남해에서 볼 수 없는 다양한 형태의 음
향반사 특징을 볼 수 있다. 이러한 반사특성에 대한 해석과 그 특징을 체계적으로 정리하
여 음향상(echo types)을 분류하였다(표 6-2, 그림 6-12, 6-13).

서해역의 경우 반폐쇄적인 해역의 특성과 더불어 큰 조차(tidal range)에 의해 형성되는 조간대(tidal flat)와 한강, 금강, 영산강과 같은 하천과 연계된 복잡한 퇴적층들로 인해 다양한 형태의 음향상들이 나타나고 있다(표 6-3, 그림 6-14, 6-15). 특히 서해역의 경우 과거 해수면 상승과 더불어 강하구 퇴적물의 퇴적에 의한 모래등성이(sand ridge)의 발달이 우세하게 나타나고 있으며 이들 퇴적체와 관련된 음향상도 지역에 따라서 다르게 나타나는 특징을 볼 수 있다(그림 6-15).

　남해역은 외해역에 위치한 모래등성이(sand ridge)의 경우 서해역보다 규모의 차이는 가지고 있으나 상부퇴적층에서는 거의 유사한 음향상을 보인다. 외부로부터 유입되는 세립질 퇴적물이 우세한 진해해역의 경우 퇴적층 내부에 음향이상(acoustic anomaly)이 특징적으로 나타나는데, 이러한 현상은 세립질 퇴적물 내의 유기물 분해로 인한 퇴적물 공극 내의 가스 때문인 것으로 분석되고 있다(표 6-4, 6-5, 그림 6-16). 이와 같이 연안 퇴적층 내의 천부가스층이 존재하는 지역에서 획득된 자료를 해석할 경우 X, Y축의 단면도 범위를 잘 조절하여 해석해야 한다(그림 6-17).

〈표 6-2〉 우리나라 동해역의 고주파지층탐사기를 통한 음향상(echo types) 구분(Chough et al, 1997)

Table 1. Description and interpretation of echo types.

Echo Type	Line drawing	Description	Occurrence	Interpretation
Distinct IA		Sharp, continuous bottom echoes with no subbottom reflectors; flat or slightly irregular surface topography	Southern and southwestern shelves	Sands and gravels deposited by shallow marine processes (Damuth, 1980; Pratson and Laine, 1989)
IB		Sharp, continuous bottom echoes with discrete, parallel, continuous subbottom reflectors; flat or undulatory surface topography; large-scale mound geometry or filling of pond-like depressions	Basin floor	Turbidite (Damuth, 1975; Chough et al., 1985a)
IC		Distinct, smooth, steeply dipping bottom echoes with parallel sub-bottom reflectors; draping irregular subsurface topography; incision by slide scars	Western upper to middle slope	Bottom-current deposits or hemipelagite (Pratson and Laine, 1989; Yoon et al., 1991, 1996)
ID		Sharp, continuous bottom echoes with very diffuse, discontinuous, subparallel subbottom reflectors; flat surface topography	Southern and eastern shelves	Sands and gravels (Pratson and Laine, 1989; Lee et al., 1993)
IE		Sharp bottom reflectors on channelized subsurface topography; inclined/channelized internal reflectors or transparent subbottom echoes; scour-and-fill geometry	Southern shelf	Buried fluvial channels (Park and Yoo, 1988; Pratson and Laine, 1989)
IF		Distinct bottom reflectors with very prolonged subbottom echoes; irregular surface topography	Western shelf	Basement highs (Damuth and Hayes, 1977; Damuth, 1980)
Indistinct IIA		Semi-prolonged bottom echoes with several intermittent subbottom reflectors; smooth or undulatory surface topography	Basin floor	Turbidite (Damuth, 1980; Chough et al., 1985a)
IIB		Very prolonged bottom echoes with either no subbottom reflectors or very prolonged and diffuse subbottom reflectors; flat or slightly irregular surface topography	Rims of southern and eastern basin floor	Turbidite (Damuth and Hayes, 1977; Yoon et al., 1991)
IIC		Acoustically transparent subbottom echoes; lens-shaped or lobate form; variable bottom echoes ranging from seafloor-tangent hyperbolae to weak or very prolonged echoes	Lower slope	Debrite (Embley, 1976; Chough et al., 1985a)
Hyperbolic III		Regular, overlapping hyperbolae with slightly varying vertex elevations (generally less than 20 m); downslope decreases in spacing, size, and elevation difference of hyperbolae	Southern lower slope	Debrite (Nardin et al., 1979; Damuth and Embley, 1981; Chough et al., 1985a)
Combined IV		Irregular blocky, lumpy, or hyperbolic masses bounded upslope by scars; various amount of internal deformation; scars marked by sharp glide planes or irregular drapes of thin acoustically transparent masses; step-like geometry of failed masses; concave-upward shear planes	Upper to lower slope	Slide/slump deposits and mass-failure scars (Embley and Jacobi, 1977; Chough et al., 1985b; Lee et al., 1991)

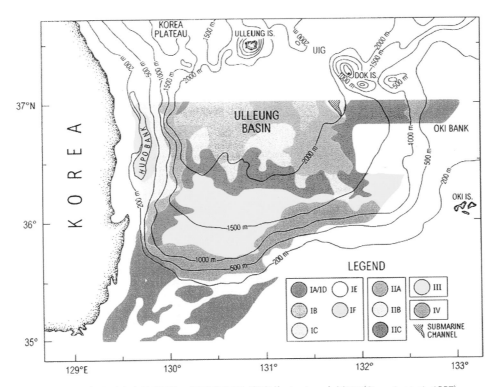

〈그림 6-12〉 우리나라 동해역의 고주파지층탐사 음향상(echo types) 분포도(Chough et al, 1997)

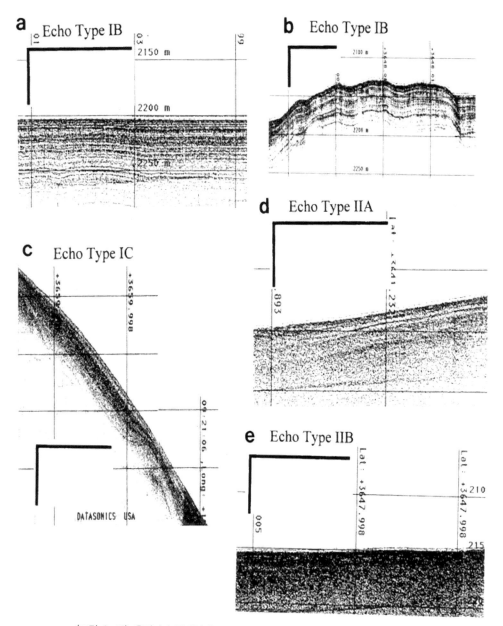

〈그림 6-13〉 우리나라 동해역의 고주파지층탐사 단면도 예(Chough et al., 1997)

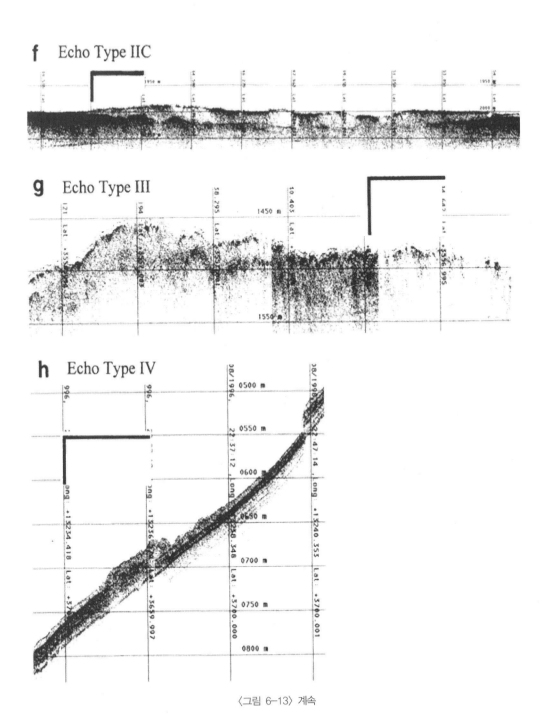

f Echo Type IIC

g Echo Type III

h Echo Type IV

〈그림 6-13〉 계속

〈표 6-3〉 우리나라 서해역의 고주파지층탐사기를 통한 음향상(echo types) 구분(Chough et al, 2002)

Class	Type	Line drawing	Description	
1	1-1		Relatively flat sea floor with either no or little subbottom reflectors	Seafloor covered by coarse-grained sediments, relict sands
	1-2		Flat sea floor with moderately to well developed subbottom reflectors	Seafloor covered by relatively fine-grained surface sediments
	1-3		Laterally extensive acoustically transparent unit of either sheet (1-3a) or wedge (1-3b) form	Transgressive sediment sheet (1-3a) and Holocene Huanghe-derived muds (1-3b)
	1-4		Flat seafloor covered by regularly spaced, wavy bedforms	Large-scale dunes formed by tidal currents
2	2-1		Mounds with no bedforms, either absent or well developed internal reflectors	Tidal ridges, temporarily dormant
	2-2		Mounds covered by wavy bedforms	Tidal ric dunes, active
	2-3		Mounds accompanying acoustically transparent wedges on the flanks and smaller bedforms on the crest	Tidal ridges, degraded and modified
	2-4		Large-scale mounds with distinct, continuous internal reflectors downlapping onto the substrate	Holocene mud belt
3	3-1		Regionally flat seafloor incised by shallow troughs	Shallow channel incision by strong currents
	3-2		Sea floors of great topographic relief and deeply incised valleys	Extensive channel erosion or acoustic basement

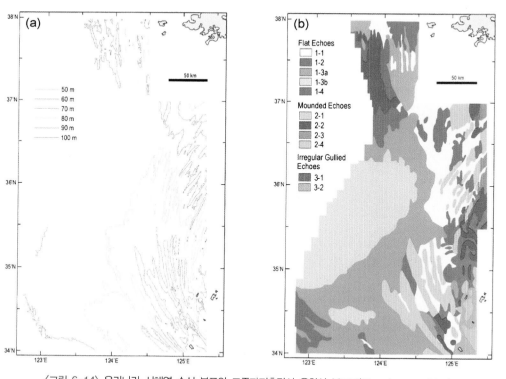

〈그림 6-14〉 우리나라 서해역 수심 분포와 고주파지층탐사 음향상 분포도(Chough et al, 2002)

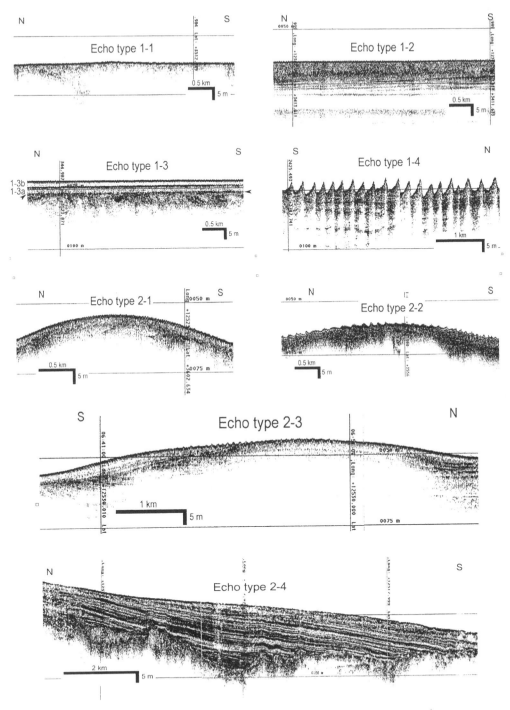

〈그림 6-15〉 우리나라 서해역의 고주파지층탐사 단면도 예(Chough et al, 2002),
음향상 분류는 〈표 6-3〉 참조

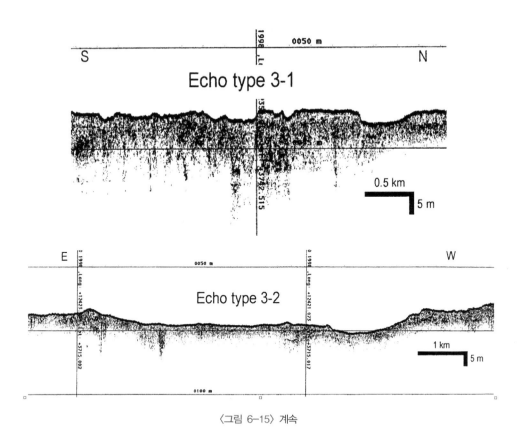

〈그림 6-15〉 계속

〈표 6-4〉 우리나라 남해역(진해만) 고주파지층탐사기를 통한 음향상(echo types) 구분(이, 2006)

Echo type	Line drawing	Description	Occurrence	Interpretation
A		조류 및 해수에 의해 침식, 상부 퇴적층리 발달	가덕 수로	Tidal channel deposits (Lee et al., 2005)
B		전체적으로 퇴적층리가 발달	거제도 북서쪽, 진해만 입구	Graded bedding(Damuth, 1975; Chough et al., 1985)
C		퇴적층리 발달 없이 두껍게 쌓인 퇴적물	가덕도 서쪽 부근	Distal prodelta deposits (Diaz et al., 1996)
D		상부에만 퇴적층리가 발달하고 하부에는 퇴적층리가 보이지 않음	진해 웅천 부근	Medial to distal prodelta deposits(Diaz et al., 1996)

〈표 6-5〉 우리나라 남해역(진해만) 고주파지층탐사 단면도상의 음향 이상의 특징
(AB: Acoustic Blanking, AT: Acoustic Turbidity)(이, 2006)

Acoustic anomalies	Upper boundary	Lower boundary	Descriptions
AB-I	강하고 규칙적임	보이지 않음	해저면에 나란함 퇴적층리에 의해 발달
AB-II	강하고 규칙적임	보이지 않음	해저면에 나란함 퇴적층리와 무관함
AB-III	강하지만 불규칙적임	보이지 않음	전체적으로 해저면에 나란함
AB-IV	약하고 불규칙적임	보이지 않음	해저면에 나란하지 않음

Acoustic anomalies	Upper boundary	Lower boundary	Descriptions
AT-I	약하지만 규칙적임	일부 관찰됨	약한 음향이상이 집중적임 퇴적층리에 의해 발달
AT-II	약하고 불규칙적임	일부 관찰됨	약한 음향이상이 집중적임 퇴적층리와 무관함
AT-III	약하고 불규칙적임	다수 관찰됨	약한 음향이상이 독립적으로 나타남

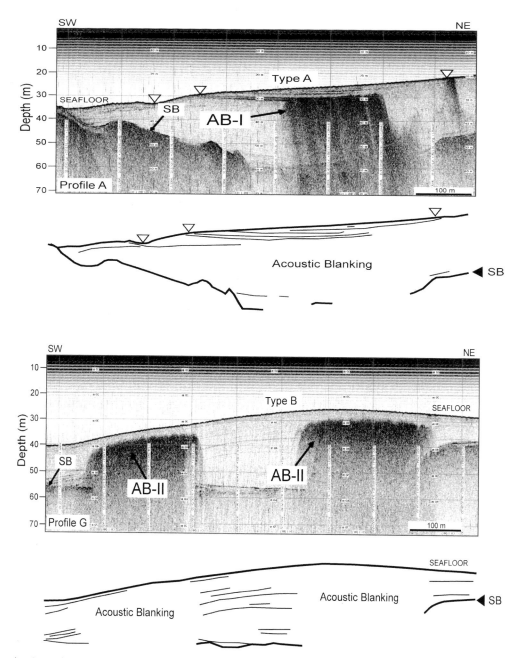

〈그림 6-16〉 우리나라 남해역(진해만)의 고주파지층탐사 단면도 예(AB: Acoustic Blanking; AT: Acoustic Turbidity; AB-Ⅰ: 해저면에 나란하고, 퇴적층리에 의해 발달; AB-Ⅱ: 해저면에 나란하고, 퇴적층리와 무관하게 발달)

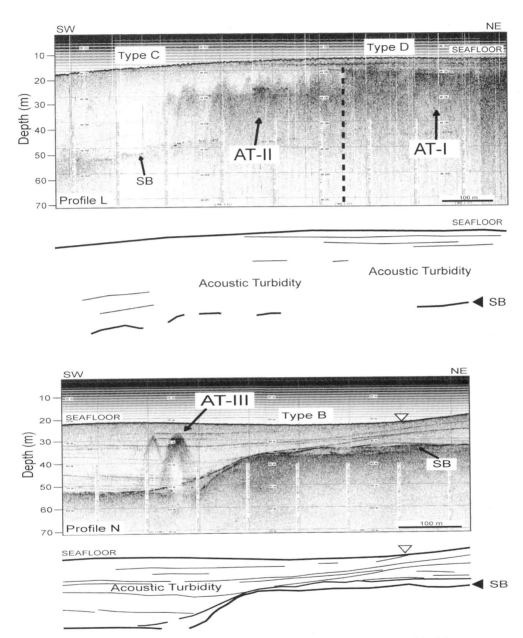

〈그림 6-16〉 계속(AT-I: 약한 음향이상이 집중적으로 나타나고, 퇴적층리에 의해 발달;
AT-II: 약한 음향이상이 집중적으로 나타나고, 퇴적층리와 무관함; AT-III: 약한 음향이상이 독립적으로 나타남)

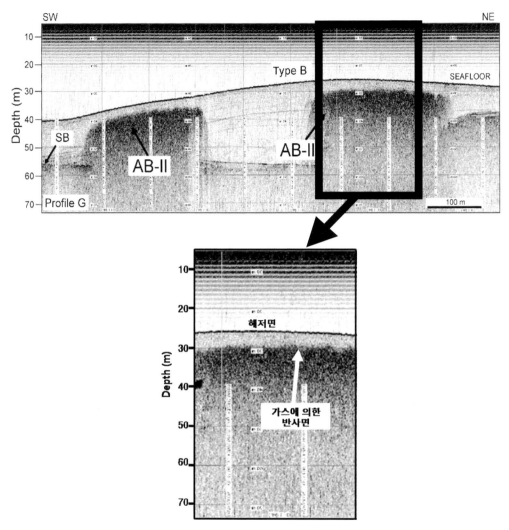

〈그림 6-17〉 천부가스 퇴적층이 존재하는 단면에 대해 좁은 구역을 확대해서 해석할 경우 가스로 인한 퇴적층이
반사강도가 다른 반사면으로 잘못 해석될 수 있음

6.4 기기종류

제품명	제작사	홈페이지 주소
Z-TAM Series	소나테크(주)	http://www.sonartech.com
GeoPulse Profiler	kongsberg Maritime	www.km.kongsberg.com
SES-2000	Innomar Technology	http://www.innomar.com
K-Chirp Medel 3310	L3 Klein Associates	http://www.l-3klein.com
3212	Knudsen Engineering	http://www.knudsenengineering.com
3200	Edge Tech	http://www.edgetech.com
Bathy-2010	SyQuest	http://www.syqwestinc.com
SUBPRO 1210 SBP	General Acoustics	http://www.generalacoustics.com
ATLAS PARASOUND	Atlas Hydrographic	http://www.atlashydro.atlas-elektronik.com
Chirp III	Teledyne Benthos	http://www.benthos.com
Tritech SeaKing Parametric SBP	Tritech International Limited	http://www.tritech.co.uk

6.5 Kogeo Seismic Tool kit V2.7

고주파지층탐사(chirp)자료 단면도를 신속하게 관측선별로 볼 수 있는 기능을 가진 프로그램들이 여러 가지가 있는데 이들 중 Kogeo seismic toolkit이라는 프로그램은 현장에서 간단하게 관측선별 자료들을 연속적으로 컴퓨터 화면에 보여 줌으로써 자료 취득 상태를 쉽게 파악할 수 있다. 뿐만 아니라 실내 분석 작업을 통해 출력용지에서 연속적으로 볼 수 없는 단면도를 작은 사이즈의 용지에 출력 가능하게 하여 단면도 해석을 위한 기초자료 제공에 유용하게 사용되는 프로그램이다.

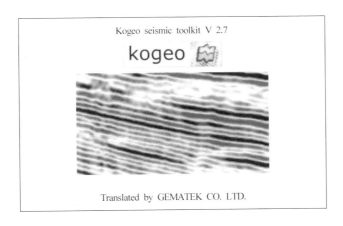

Kogeo seismic toolkit V 2.7

kogeo

Translated by GEMATEK CO. LTD.

6.5.1 일반적인 사용방법

Data import/export - 다양한 세부 포맷의 SEG-Y, SU 입력/출력/변환 2D/3D또는 bitmap 자료(이미지)

Data editing(processing) - kogeo를 활용하여 단순한 필터에서부터 멀티트레이스까지 많은 방법들로 자료처리 가능

Navigation tools - 트레이스 헤더 혹은 파일 내부의 위치정보의 입력/출력/변환(project, un-project, re-project)

1) Data import / export

모든 자료는 'Data' 메뉴를 통해 입·출력이 가능하다;

현재 세션이 자료를 포함하지 않거나(입력) 자료가 활성화되어 있다면(출력), 다음의 메뉴항목만이 활성화된다.

2) SEG-Y/SU data import

2D 자료파일을 입력하고자 한다면 메뉴항목에서 'Import SEG-Y/SU data'를 클릭한다.

하나의 파일을 선택했다면 'SEG-Y/SU data import parameters'의 화면이 나타난다('SU'는 Seismic Unix의 약자임).

적절한 입력 파라미터들을 채우고 'ok' 버튼을 누른다.

만약 'autoset' 옵션이 가능하다면, kogeo는 자료파일의 헤더값으로부터 트레이스 포맷 파라미터를 셋업한다(주어진 'options' 화면의 설정에 따라 유효한 값들의 회수여부는 자료파일에 달려 있다).

header length 파라미터들은 SEG-Y 표준에 따라 고정적으로 설정되는데, 예를 들면 SU 파일을 입력하려면 EBCDIC와 binary 파일의 header length는 0으로 설정된다.

kogeo는 다양한 트레이스 옵셋(in time)들을 가진 자료파일들을 지원한다. 아래의 'trace delay'에서는 trace 각각의 옵셋들을 적용하기 위해 trace header의 위치를 설정할 수 있고 자료가 '0'에서 시작하지 않으면 정적인 값들로 설정가능하다.

입력할 파일의 모든 트레이스를 생략하려면, 'partial import' 파라미터를 사용한다. 단, 이 옵션은 3D-data 입력에서는 사용할 수 없다.

3D 자료파일을 입력하는 작업은 기본적으로 동일하지만, 입력 파라미터 화면을 확인해 본 후, 3D import parameters 화면의 부가적인 세부 정보들을 따라야 한다.

윈도우화면 상단의 inline과 crossline 개수에 대한 증분값과 함께 최소, 최댓값들을 입력 한다. 'check settings' 항목은 주어진 값들이 맞는지를 보여준다.

floating point 혹은 정수로 된 32bit 샘플포맷 자료를 입력하고자 하기 전에 'data scaling factor'를 확인해야 할 필요가 있다(kogeo는 모든 자료를 내부적으로 -1에서 +1까지 스케 일화한다). 'import scaling' 화면은 가장 높은 진폭에 대한 입력파일을 체크함으로서 위에 설명했듯이 파라미터 입력 후에 이를 자동적으로 수행한다(어떤 스케일 factor가 제시되 어지는가에 따라). 진폭 테스트를 언제든 멈출 수 있고 임의의 scaling 값을 줄 수 있다. 주의할 것은 먼저 제시되었던 것보다 더 높은 스케일 factor가 scaling될 때 진폭이 잘릴 것이다.

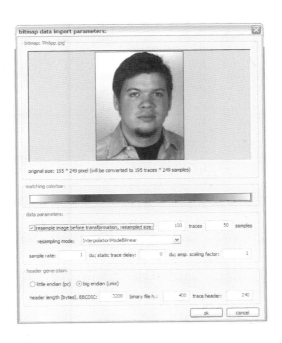

floating point data import scaling:

testing data:

optimal scaling: 1.000018

traces tested: 1000   of 1000   stop testing

data scaling parameter:

data scaling factor: 1.000018

proceed

3) Bitmap import

비트맵 입력기능은 비트맵 이미지들을 seismic data로 변환할 수 있는 도구이다. 'Import bitmap data'를 메뉴항목에서 클릭하면 'bitmap data import parameters' 화면창이 나타난다.

보이는 이미지 아래 입력될 비트맵의 픽셀들이 조합될 color bar를 통해 설정할 수 있다.

비트맵들은 GDI+기능을 사용하여 입력되는 동안 rescaled될 수 있다. 'resample image' 기능을 활성화하고 원하는 크기를 입력한다. 비트맵은 'resampling mode'를 통해 resample 될 것이다.

화면창 아래의 설정에 따라 비트맵이 입력되는 동안 헤더값들이 생성될 것이며 trace당 sample 수, sample rate, trace number와 같은 일반적인 값들로 메워질 것이다.

비트맵이 성공적으로 입력되어진 후 자료의 질을 향상시키기 위해 data editing 기능을 사용하라.

4) SEG-Y export

활성화된 자료는 'Export SEG-Y data' 메뉴항목을 사용하여 SEG-Y 포맷으로 출력될 수 있다.

'SEG-Y data export parameters' 화면창의 출력 파라미터들을 설정한다.

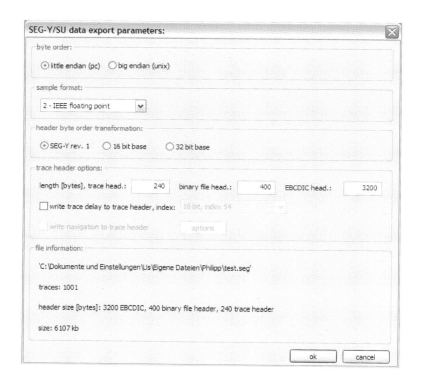

윗부분에서 적절한 byte와 샘플포맷을 선택하라. 만약 자료가 출력되기를 원하는 것과 다른 byte로 입력되어졌다면, 모든 헤더값들은 -byte의 순서가 바뀔 필요가 있으며 'header byte order transformation' 필드는 활성화될 것이다. 'SEG-Y rev. 1'을 선택한다면, 헤더값들은 16비트와 32비트 값들로서 다뤄질 것이다.

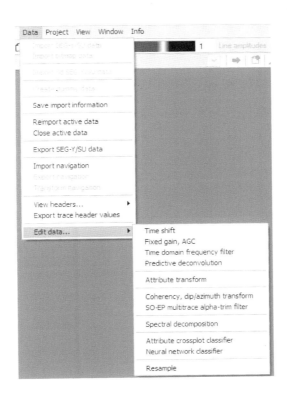

여기서는 scale factor가 저장될 위치와 헤더위치를 선택하라.

5) Data editing

kogeo의 자료편집기능들은 'Data->Date editing' 메뉴에서 사용할 수 있다.

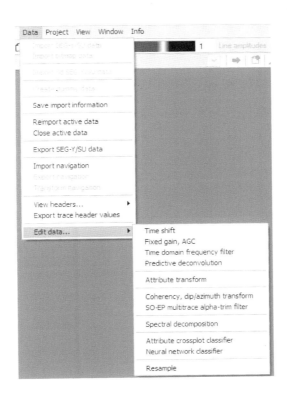

현재의 세션에 자료가 포함되어 있을 때만 위의 항목이 이용가능하다. 메뉴항목을 선

택하면 다음의 화면창이 뜰 것이다. 모든 것들이 그와 유사한 방법으로 구성되어 있다. 'start' 버튼을 누르면 편집과정을 시작하게 된다.

6) Time shift

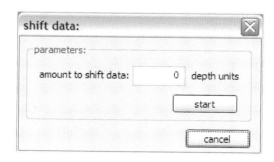

자료의 시간을 아래, 위로 조절하는데 사용되며 2D 자료에만 해당된다.

7) Fixed gain, AGC

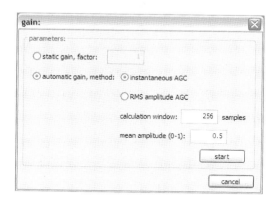

자동이득조절을 적용할 때 사용된다. 2가지 종류의 자동이득조절항목이 있는데, 하나는 instantaneous AGC이고 다른 하나는 RMS amplitude AGC이다.

8) Time domain frequency filter

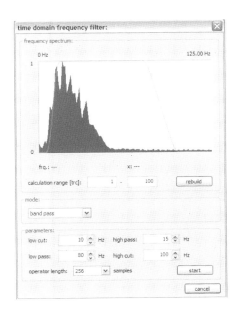

　이 기능은 시간에 따른 주파수 필터링을 수행한다. 'parameters' 항목에서 operator length 를 선택할 수 있으며 윈도우 화면창의 'mode' 항목에서 다른 필터폼 모드들을 선택할 수 있다.

　윈도우화면창이 생성될 때, 주어진 traces의 범위에 따라 주파수 스펙트럼이 계산된다, 'rebuild' 버튼을 누르면 이는 재생성된다. 1의 값에 항상 할당된 지배적인 주파수들에 선형적으로 증감된다.

　필터폼 모드에 따라 화면창의 'parameters' 항목에서 주파수를 특정화하는 것이 필요하며 그 결과에 따른 필터폼은 주파수 스펙트럼상에 녹색으로 나타난다.

9) Predictive deconvolution

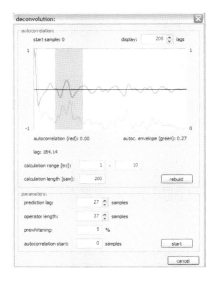

원도우 화면창의 윗부분에 표시된 stacked autocorrelation 기능은 빨간선으로 표시된다. 그것의 envelope 기능은 녹색선으로 표시된다. 트레이스의 범위와 calculation length와 display length 등을 설정할 수 있으며 autocorrelation calculation에 대한 시작점은 윈도우 화면창 아래 부분의 'parameters' 항목에서 입력해야 한다.

filter operator design에 대한 파라미터들은 'parameters' 항목에 표시되어 있다('prediction lag'와 'operator length'), autocorrelation 창의 회색바는 이러한 설정값들에 따라 그려진다. 'prewhitening' 퍼센트를 설정할 수 있다.

10) Resample

resampling 기능은 2D 자료에서만 구동되며 화면창 아래쪽에 주어진 new sample interval 에 의한 각각의 트레이스를 resample하기 위한 정사각형의 내삽을 수행한다. 헤더값들은 화면창의 상단부에 표시된 설정값들에 따라 업데이트된다.

11) Navigation tools

위성측위자료는 외부파일, 혹은 트레이스 헤더값에서 추출가능하다.

12) Navigation import

현재 항목에서 활성화된 data에 대한 위성측위자료를 획득하기 위해서는 'Import navigation' 메뉴항목을 이용하라. 우선 추출하기 위한 소스를 선택해야 한다.

① 트레이스 헤더값으로부터 추출하기

각각의 트레이스에 대한 x와 y 값들을 취하기 위해 윈도우창 위쪽의 헤드 indices를 설정해야 한다. 이 값들은 'scale values by' 옵션이 활성화될 때 SEG-Y rev.1 standard에 따라 scaled되어야 한다.

좌표단위는 윈도우창 아래에서 설정된다. 단위가 '미터' 혹은 '도'가 아니면, 입력된 위치자료는 자동적으로 미터(m) 또는 도(각) 단위로 변환될 것이다.

위치값들은 트레이스별로 입력되며 어떠한 내삽도 수행되지 않는다.

② 파일로부터 입력하기

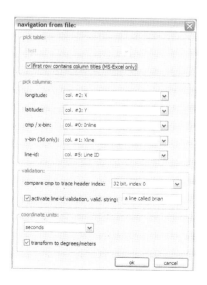

만약 입력되는 파일이 하나 이상의 테이블을 포함한다면, 'pick table' 항목을 선택하라. 만약 입력파일의 소스가 MS-Excel 파일이라면, 'first row contains column titles' 옵션을 활성화시켜라.

위치값들은 'pick columns' 항목의 설정에 따라 입력될 것이다. 위치자료를 탄성파 트레이스에 덧붙이기 위해서는 트레이스 헤더값들로부터 cmp 번호들을 읽어서 이들을 비교한 후 검정되어야 한다.

'coordinate unit' 항목은 1에서 설명된 방법처럼 작동된다.

13) Navigation transformation

탄성파자료에 대한 위치정보가 입력된 후 이를 project, un-project 또는 re-project하기 위한 위치변환이 가능하다.

· Mercator

· Transverse Mercator

· Lambert Conformal Conic

· Azimuthal equidistant

· Lambert azimuthal equal area

· Polyconic

· Van der Grinten I

· Stereographic

· Miller cylindrical

· Sinusoidal

정의된 회전타원체는 아래와 같다.

· Airy 1830

· Australian national 1865

· Bessel 1841

· Clarke 1866

· Clarke 1880

- Everest 1830

- GRS 1980

- International 1909

- Krasovsky 1949

- Sphere(r=6.370.997m)

- WGS 1972

- WGS 1984

‘Transforim navigation’ 메뉴항목은 오직 선위자료가 입력될 때 이용가능하다. 이 기능의 파라미터설정은 다음 창에 설명된다.

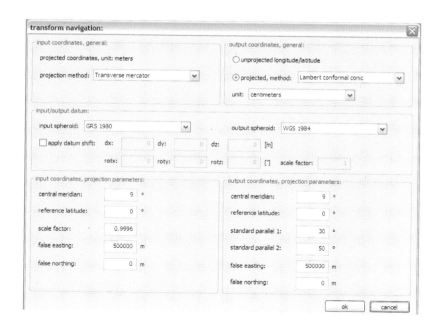

‘input/output datum’ 창에서는 원래 타원체와 변환될 타원체를 각각 설정해주며 아래 원도창의 왼쪽부분에서는 실제좌표설정이 할당되며, 오른쪽에서는 변환된 좌표가 설정된다.

14) Navigation export

선위값들은 ‘Export navigation’ 메뉴항목을 통해 dbf 테이블, 혹은 .xls 스프레드시트로 출력될 수 있다.

좌표들을 출력하기 위해 특정파일을 선택하면 'export navigation' 윈도우창이 뜰 것이다.

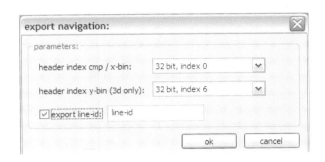

위치값들은 트레이스 헤더값에서 취해진 inline, crossline numbers cmp 값(2d data), 또는 inline, crossline 값들(3d SEG-Y data)로 출력될 것이다.

6.5.2 Quick start

1) 우선 Kogeo 2.7을 실행시킨 후 새 창 열기

2) 새 창이 열리면 윈도우 툴바의 Data → Import SEG-Y/SU data 실행

3) Data → Edit data의 세부항목들에서 필요한 필터링 및 편집을 완료

4) 상단의 활성화된 아이콘(윈도우 Zoom in-out, Ticks, Layout… 등) 창들을 이용하여 최종결과물 도출

① X, Y 축에 대한 ticklines 그리기(주측선, 보조측선 설정)
   ticklines의 굵기, 모양, 보조측선 간격 등을 설정한다.

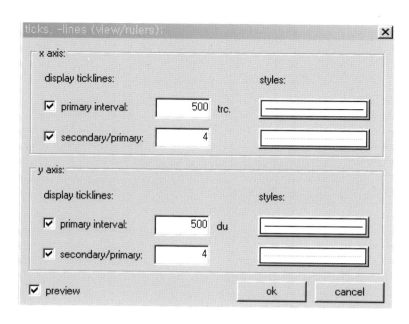

② layout options 설정하기

③ 최종결과물 도출

확장자가 emf인 그림파일로 출력, 윈도우 그림판에서 불러들여 jpg, bmp, gif, tiff, png 등의 기타 포맷으로 변환가능하다.

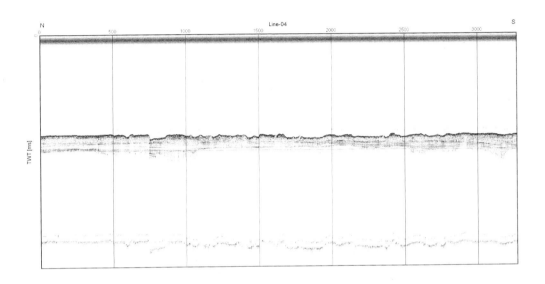

해양자력탐사

07

해양자력탐사는 육상의 자력 탐사 원리를 적용한 탐사법으로 일련의 측점에서 지자기장 및 각 자기 성분을 측정하여 해수 아래의 지질구조나 지형특성을 규명하는 지구물리탐사이다. 해양자력탐사는 신속, 간편, 저렴하고, 선박을 이용해 이동하면서 연속적으로 측정이 가능하며, 그 이용 범위가 넓다는 장점이 있으나, 측정 자력값에 주변 환경의 영향이 크게 작용하므로 자료획득 시 많은 주의가 필요하고, 상대적으로 복잡한 자료보정을 거쳐야 하는 단점을 가진다. 하지만 최근 장비성능의 발달로 인해 보다 양질의 자료를 손쉽게 획득하는 것이 가능하게 되었다.

　해양자력탐사는 육상에서 철광산과 같은 금속광산의 탐사에 이용되던 탐사법을 해양에 적용한 것으로, 1909년 미국의 카네기 호에 의한 해양지자기탐사를 시초로 해양에서의 자력탐사가 널리 이용되었다. 해양자력탐사는 1950년 이후 지구물리학에서 매우 중요한 위치를 차지하는 고지자기학으로 발전하여 대륙이동설이나 해양저확장설과 같은 현대 지질학에 있어 중요한 학설들을 입증하는 정략적인 증거로 활용되었다.

　오늘날의 해양자력탐사는 해양에서의 지하자원 탐사, 열수광상 탐사, 해양지질 탐사 등 해양자원확보 차원에서 널리 이용되고 있으며, 과거에 침몰된 선박을 찾는 해양고고학 분야, 해양플랜트 건설과 같은 해양공학 분야, 오염퇴적물의 분포 범위 등을 확인하는 해양환경 분야 등에서도 유용하게 사용되고 있다.

7.1 원리

해양자력탐사는 해양에서 시행되는 지구물리탐사법 중 가장 쉽고 간편한 방법 중 하나이다. 하지만 탐사를 위해 기본적으로 알아야 하는 이론 및 원리가 가장 많은 분야인 것도 사실이다. 따라서 본격적인 해양자력탐사를 수행하기에 앞서 다음과 같은 기본원리를 반드시 인지하여야 한다.

7.1.1 지구의 자기장

해양자력탐사가 가능한 것은 지구에 의한 자기장이 형성되어 있기 때문이다. 그렇다면 지구는 어떻게 자성을 가지게 되었을까? 여기에는 두 가지 대표적인 가설이 존재한다. 첫째는 지구 구성물질의 영구자화설(permanent magnetization hypothesis)이다. 이 가설은 간단하게 지구 내부 자체가 영구자석으로 되어 있다는 설이다. 하지만 특정 온도 이상에서는 물질의 자성이 상실된다는 퀴리 온도(Curie point)가 확인되고 지구 지표로부터 20~30km 깊이만 되어도 퀴리 온도 이상이 된다는 사실이 밝혀진 후로는 가설의 힘을 잃었다. 두 번째 가설은 현재로서는 가장 적합하다고 알려진 다이나모 이론(Dynamo theory)이다. 다이나모 이론은 탄성파탐사 분야의 발달로 인해 지구 외핵이 양도체인 유체로 구성되어 있음이 밝혀진 후, 이를 근거로 외핵의 유체운동에 의해 자류가 발생한다는 가설이다. 외핵은 지구 자전에 의한 맨틀의 대류를 따라가지 못하므로 와류가 발생하며 전체적으로 지구 자전방향과 반대방향으로 회전하게 되는데, 이때 철과 같은 물질의 일부가 양이온 상태로 존재하는 외핵이 오른나사의 법칙에 의하여 전류가 발생하고 지구 전체에 자기장을 형성하게 된다(그림 7-1).

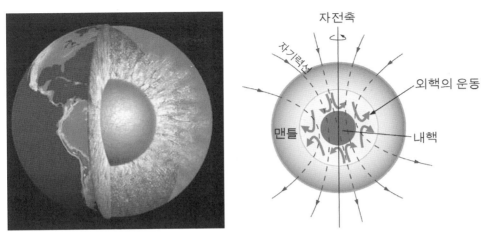

〈그림 7-1〉 지구내부구조와 다이나모 이론 모식도

이러한 지구자장은 지구 전체에 걸쳐 작용하며 지형적인 영향에 의해 상당히 복잡한 구조를 가진다. 해양자력탐사는 그 목적에 따라 측정하고자 하는 요소가 다르나 가장 근본적인 측정치는 관측지역에서 실제 획득한 자력값에서 표준지자기장을 뺀 자기 이상이 된다. 이때 표준지자기장은 이러한 지구 전체 지자기장의 구면 조화 함수 전개식에 근사하여 만들어지게 된다. 따라서 해양자력탐사를 위해서는 국제 지자기 및 초고층 물리학회 (International Association of Geomagnetism and Aeronomy, IAGA)에서 5년 단위로 발표하는 국제표준지자기장(International Geomagnetic Reference Field)을 이용하여 관측지역의 주 자기장을 계산하여 자기 이상을 구해야 한다.

7.1.2 지구 자기장의 변화

지구 자기장은 항상 일정하지 않으며, 다이나모 이론에 의한 극의 이동 및 역전을 포함하여 일변화(diunal variation), 영년변화(secular variation), 자기폭풍(magnetic storms)에 의한 변화 등이 나타난다. 극의 이동 및 역전에 의한 지자기장 변화는 고지자기학과 같은 특정 분야에서 필요하며, 관측 시점에서 자력값에 바로 영향을 끼치는 요소는 아니기 때문에 여기서는 일변화, 영년변화, 자기폭풍에 관해서만 설명하겠다.

1) **일변화**(diurnal variation) - 일변화는 수 분 또는 매 시간마다 변화하는 것으로 변

화량은 적으나 해양자력탐사 관측 내내 영향을 끼치기 때문에 매우 중요한 요소이다(그림 7-2). 일반적으로 태양의 X선과 플라즈마 등에 의한 전리층 입자들의 운동으로 발생한 자장이 변화를 일으킨다. 지구 내부적으로는 맨틀과 핵 내에서 발생한 유도전류의 영향으로 알려져 있으나, 그 영향은 미미하다.

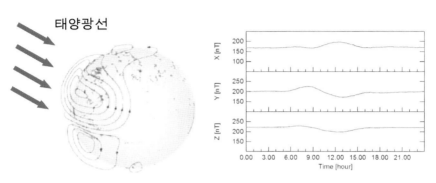

〈그림 7-2〉 지구에 도달하는 태양광선과 그에 따른 지자기 각 성분의 변화

2) **영년변화**(secular variation) - 수십에서 수백 년 주기로 변하며, 변화량은 일변화에 비해 매우 크다(그림 7-3). 큰 의미에서는 지자기극의 이동 및 역전과 관련이 있으며, 일반적으로 외핵과 맨틀의 자전각속도의 차에 의해 나타나는 것으로 알려져 있다. 지금까지 조사된 바에 의하면, 매년 0.05%의 지자기장 세기의 감소가 나타나며, 지자기극은 매년 경도 0.05°씩 서쪽으로 이동하는 것으로 알려져 있다.

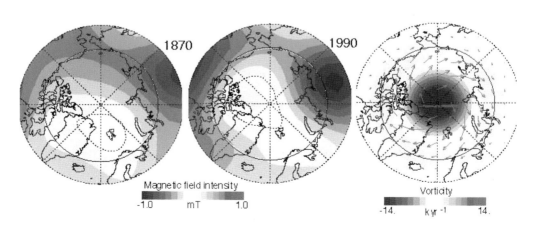

〈그림 7-3〉 1870년에서 1990년 사이의 지자기 영년변화(Olson and Aurnou, 1999)

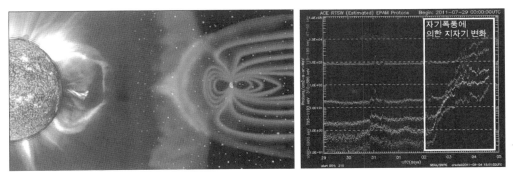

〈그림 7-4〉 자기폭풍 모식도와 2011년 나사에서 측정한 자기폭풍에 의한 지자기 변화

3) **자기폭풍에 의한 변화**(magnetic storms) - 수시간 내지 수일 동안 불규칙적으로 나타나며 일변화에 비해 양적으로 매우 크게 변화한다(그림 7-4). 태양 흑점의 활동에 의해 나타나며, 적도보다 극지방에서 더 빈번히 발생한다.

7.1.3 일반적인 원리

해양자력탐사 시 자력계에 최종적으로 측정되는 값은 관측지점에서의 자력 세기(magnetic intensity)이지만 이 값에는 자력의 방향성을 포함하여, 물질의 대자율, 투자율, 자화 강도, 광물 자성 등의 특징들을 내포하고 있다. 따라서 이러한 기본적인 용어 및 원리들을 정확히 파악해야 측정값의 올바른 해석이 가능하다.

1) **자기강도**(magnetic pole strength: F) - 자극 사이에 작용하는 자력의 크기로, 두 자극의 자기량의 곱에 비례하고 자극 사이 거리의 제곱에 반비례한다(Coulomb의 법칙).

$$F = \frac{1}{\mu} \frac{m_1 m_2}{r^2} \qquad \text{(식 7.1)}$$

m_1, m_2: 자기량, r: 두 자극 사이의 거리, μ: 투자율

2) **투자율**(magnetic permeability: μ) - 자성 물질이 자기장 내에서 자력선을 통과시키는 정도로, 두 극 사이에 존재하는 물질에 따라 달라지며 진공에서는 1, 자철석의 경우는 5 정도의 값을 가진다.

$$\mu = 1 + 4\pi\kappa \qquad\qquad (식 7.2)$$

k: 대자율

3) **자기장**(magnetic field: H) - 단위 면적당 자력선의 수를 의미하며, 세기가 m_1인 자극이 거리 r만큼 떨어진 세기가 1인 자극(m_2)에 작용하는 힘을 자기장의 강도 H라 한다.

$$H = \frac{F}{m_2} = \frac{1}{\mu}\frac{m_1}{r^2} \qquad\qquad (식 7.3)$$

C.G.S 단위 Gauss(G)와 M.K.S 단위 Tesla(T)를 사용하며, 일반적으로 nT 단위로 많이 표시한다(1 Gamma(γ) = 10^{-5}G = 1nT).

4) **자화강도**(intensity of magnetization: I) - 자성 물질이 자기장 내에서 자화될 때 자화의 정도를 말하며, 단위 체적당 자기 모멘트(magnetic moment: M)로 구해진다. 자기 모멘트는 길이 l, 자극 ±m인 막대자성의 자극 강도를 의미하며, M = ml로 정의된다.

$$I = \frac{M}{체적} = \frac{ml}{체적} = \frac{m}{단면적} \qquad\qquad (식 7.4)$$

따라서 일반적으로 자화강도가 증가하면 자극의 밀도는 증가하고, 단위 면적당 자극의 세기가 커지게 된다.

5) **대자율**(magnetic susceptibility: k) - 각 자성 물질이 외부 자기장에 의해 자화되는 정도로, 각 자성 물질에 따라 고유의 값을 가진다. 자성 물질을 외부자기장 H에 노출시키면, 그 물질은 자화되는데 자화강도 I는 외부자기장의 크기와 자성 물질의 대자율에 비례한다. 지질 매질의 경우에는 지구 자기장이 외부자기장의 역할을 하기 때문에 자화방향은 지구의 자기장에 평행하게 되며, 따라서 자화강도는 다음 식으로

표현되며, 이때 비례상수 k를 대자율(magnetic susceptibility)이라고 한다. 각 자성 물질의 대표 대자율과 자기장의 세기는 표 7-1에 도시되어 있다.

$$I = kH \qquad \text{(식 7.5)}$$

〈표 7-1〉 자성 물질에 따른 측정 대자율 값

물 질	대자율 $k \times 10^6$, c.g.s	자기장의 세기 at H, Oersteds
자철석	300,000~800,000	0.6
자류철석	125,000	0.5
티탄철석	135,000	1
백운석	14	0.5
사암	16.8	1
화강암	28~2,700	1
반려암	68.1~2,370	1
휘록암	78~1,050	1
현무암	680	1

6) 암석광물의 자성 - 앞서 설명한 바와 같이 대자율은 자성 물질마다 다르게 나타나며, 이러한 대자율의 크기를 기준으로 자성 물질들을 반자성(diamagnetism) 물질, 상자성(paramagnetism) 물질, 강자성(ferromagnetism) 물질로 나눌 수 있다.

반자성 - 최외각 전자가 쌍으로 존재하는 원자에서는 반씩 서로 다른 방향으로 스핀운동을 하므로, 전자운동이 상쇄되어 자성을 띠지 않게 된다. 이런 물질들은 자장 속에서 음의 대자율을 가지게 되는데, 이 값은 너무 작아 자력탐사에서 그 효과가 거의 나타나지 않는다. 대표적인 반자성 광물에는 석영, 암염, 석고, 장석 등이 있다.

상자성 - 원자들의 열적인 운동 때문에 한 방향으로 완전한 배열을 이루지 못하여 비교적 약한 자장을 얻게 된다. 양의 대자율 값을 보이나 이 값 또한 대체적으로 매우 낮은 편이다. 흑운모, 휘석, 각섬석, 감람석, 석류석 등 규산염 광물들이 이에 속한다.

강자성 - 자화된 각 영역들이 상호작용에 의하여 일정한 방향으로 배열되려 하는 에너지가 열에너지보다 커서 외부자장을 걸어주면 강한 자성을 띠게 된다. 매우 강한 대자율 값을 보이며, 철, 니켈, 코발트, 적철석, 티탄철석, 자철석, 크롬철석, 자류철석 등이 이에 해당한다.

7) **잔류자기(remanent magnetism)** - 잔류자기는 암석이나 퇴적물이 생성 당시의 자기장에 의해 자화된 것이 현재까지 보존되는 것으로 고지자기(paleomagnetism)를 연구하는데 있어 중요한 역할을 한다. 이와 같이 암석이 잔류자기를 갖는 현상을 자연잔류자화(natural remanent magnetization)라고 하며, 일반적으로 화성암과 변성암이 큰 값을 가지며, 퇴적암에서는 작은 값을 갖는다.

등온잔류자화(Isothermal Remanent Magnetization: IRM) - 일정시간 동안 일정한 온도 하에서 존재하다가 없어지는 외부자기장에 의해 암석이 잔류자기를 얻게 되는 현상으로, 국지적으로 나타난다.

점성잔류자화(Viscous Remanent Magnetization: VRM) - 등온 잔류자화가 누적되어 나타나는 자화현상으로, 암석의 생성 당시 지구 자기장과는 관련이 없어, 고지자기 연구에서는 제외된다.

열잔류자화(Thermo-Remanent Magnetization: TRM) - 강자성 물질을 포함한 암석이 큐리 온도보다 높은 용융상태에서 서서히 식어 큐리 온도 아래에 도달하며 생기는 자화현상이다.

퇴적잔류자화(Depositional Remanent Magnetization: DRM) - 콜로이드(1nm에서 100nm 사이의 크기를 가진 입자들의 혼합체) 상태의 세립물질이 퇴적될 때 당시의 지구 자기의 방향으로 자화되는 현상이다.

화학잔류자화(Chemical Remanent Magnetization: CRM) - 퇴적암이나 변성암이 큐리 온도 이하에서 화학적 작용에 의해 잔류자기를 얻게 되는 현상이다.

8) **지자기의 3요소** - 지구 자기장은 진북에 대한 수직, 수평의 방향성을 가지기 때문에 자력탐사 시 측정되는 관측값은 편각(declination), 복각(inclination), 수평분력(horizontal intensity)의 3요소에 의해 결정된다(그림 7-5).

편각(declination) - 자력탐사 시 자침이 가리키는 자북방향은 지구 자전축에 의해 정의

된 지리적인 북극(진북)과 일치하지 않고 옆으로 치우쳐 있다. 따라
서 자력 측정 장소에서 진북 방향과 이루는 각도를 편각이라 한다.

복각(inclination) - 수평면과 자장의 방향이 이루는 각도를 의미한다. 북반구에서는 +,
남반구에서는 -로 표기한다.

수평분력(horizontal intensity) - 수평면 내에서 자장의 세기를 의미한다.

각 요소의 관계식은 다음과 같다.

$$F_E = \sqrt{H_E{}^2 + Z_E{}^2} = \sqrt{X_E{}^2 + Y_E{}^2 + Z_E{}^2} \qquad \text{(식 7.6)}$$

$$H_E = F_E \cos i \qquad \text{(식 7.7)}$$

$$Z_E = F_E \sin i \qquad \text{(식 7.8)}$$

$$X_E = H_E \cos d \qquad \text{(식 7.9)}$$

d: 편각, I: 복각

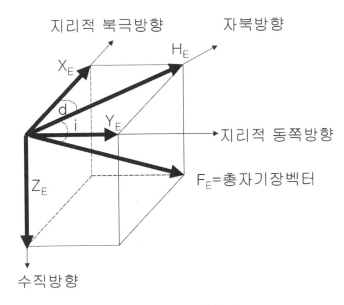

〈그림 7-5〉 지구 자기장의 요소

7.2 자료취득

본 장에서는 해양자력탐사의 자료취득과 관련된 자력계의 종류, 자료취득 과정, 자료획득 시 유의점 등에 관해 논의하고자 한다.

7.2.1 자력계의 종류

자력측정은 앞서 언급한 지자기의 3요소 중 수평 및 수직성분과 총 자기값이 측정 되는데, 측정하고자 하는 자기의 요소에 따라 측정방법과 기기가 다르다. 수평 및 수직 성분의 측정은 탐사지역에서 아주 작은 자기 이상(magnetic anomaly)까지도 측정할 수 있는 장점이 있으나, 측정이 어려운 단점이 있다. 반면 총 자기값은 측정 자체는 쉬우나 미세한 자기 이상을 찾아내기가 어려운 단점이 있다.

자력계(magnetometer)는 측정요소뿐만 아니라 측정원리에 의해서도 구분되는데, 현재까지 가장 많이 알려진 자력계의 종류는 다음과 같다.

1) Schmidt 자력계(천칭형 자력계) - Schmidt 자력계는 수직 성분의 상대적인 변화값을 측정하는 계기로서, 막대자석을 자기자오선(magnetic meridian)과 직각이 되는 동서 방향으로 놓고, 이를 무게중심으로부터 벗어난 곳에서 지지시켜줌으로써 자기와 중력에 의한 기울어짐을 천칭의 형태로 측정하는 방법을 사용한다. 측정범위는 최소 1nT 정도이며, 경우에 따라 수평자기력, 총자기력, 혹은 복각 등을 측정하도록 고안된 것도 있다. 하지만, Schmidt형 자력계는 초기에 고안된 형태로 현재는 거의 사용되지 않는다.

2) Flux-gate 자력계(포화철심형 자력계) - 강자성체의 자기유도와 자기이력 특성을 이용하여 측정하는 자력계로, 강자성체인 철심 2개에 코일을 서로 반대로 감아 연결하고 이러한 철심에 다시 2차 코일을 감은 형태로 구성되어 있다. 따라서 전류가 흐르게 되면 이 2개의 철심은 서로 반대방향으로 자화되고, 교류자화에 따른 포화자화의 위상을 측정함으로써 지자기장의 세기를 측정할 수 있다. Flux-gate형 자력계는 3성분을 분리해서 측정한다는 장점이 있으나 비교적 민감도가 떨어지고 기기편차가

심하다는 단점이 있다.

3) Proton-precession 자력계(핵 자력계) - 양성자의 세차운동을 이용하여 총자기를 측정하는 자력계이다. 물 또는 등유(kerosene)와 같이 양자(proton)가 많은 액체를 담은 병 주위에 코일을 감아 직류를 통하면 액체 속의 수소 원자핵은 코일에 발생한 자장에 의해 일정 방향으로 정렬하여 자기 모멘트를 갖게 된다. 이때 갑자기 전류를 끊어버리면 수소이온은 일제히 지구자장의 둘레에서 세차운동을 일으키며, 이때 코일 속에는 세차운동의 주기율과 같은 교류가 유도된다. 이 교류를 증폭하여 그 주기율을 측정함으로써 총자기를 측정한다. 핵 자력계는 다른 자력계에 비하여 정밀도가 높으며(0.01nT), 세차운동의 주기율 측정은 코일의 방향과 무관하므로 측정 시 측정방향이나 고도를 고려할 필요가 없어 해상이나 항공탐사에 매우 유용하다. 또한 측정 속도가 빠르며, 적은 비용에 측정이 가능하고 정량적 해석에 용이하다. 하지만 총자기 측정만 가능하며, 600nT/m 이상의 구배를 보이는 지역과 교류전원이 발생하는 지역에서는 측정이 어려운 단점이 있다.

4) 최근 개발된 자력계 - 최근에는 고감도(0.001nT) 측정을 위한 alkali-vapor 자력계가 개발되었으며, 높은 자기 이상을 내는 기반암 위에 존재하는 퇴적암의 미세한 자력변화까지 측정 가능한 세슘 자력계, 루비듐 자력계 등의 광펌핑(optically pumped) 자력계도 실용화되어 있다. 그리고 최근에는 핵 자력계의 원리에서 보다 발전된 방식인 overhauser effect 자력계가 해양자력탐사에서 가장 많이 사용되고 있다. Overhauser effect 자력계는 핵 자력계의 양성자 회전공명방식을 이용해 뛰어난 정확성을 유지하면서 전력사용량을 크게 감소시켜 작은 배터리로 작동이 가능하게 하여 휴대성이 높아졌으며, 핵 자력계와 달리 자기장의 세기를 연속적으로 측정할 수 있다.

이와 같은 자력계들 중에서 해양자력탐사에서는 다른 자력계에 비해서 정밀도가 높고 측정방향과 고도에 상관없이 측정이 가능한 proton-pression형과 세슘형, overhauser effect형이 가장 많이 사용된다. 현재 국내에서는 세슘형과 overhauser effect형을 가장 많이 사용한다.

7.2.2 자료 취득 전 검토 사항

해양자력탐사에서 일반적인 자력계 측정목적은 자성 물질에 의한 해수면 아래 지표근처에 존재하는 자기 이상(magnetic anomaly)을 측정하는 것이다. 하지만 자력계를 통해 측정되는 지자기 값은 지구 내적, 외적 원인과 측정 당시 주변 환경 등의 영향들이 포함되게 된다. 특히 자력계에 부착되는 센서가 자연적인 자기값을 측정하는 만큼 매우 민감하기 때문에 주변의 인위적인 요소들이 영향을 미치게 된다면 왜곡된 결과를 제시하게 된다. 따라서 해양자력탐사를 수행하기 위해서는 아래와 같은 몇 가지 검토사항들이 필요하다.

1) **자력계 예인시스템** - 자력계의 센서는 전자기에 매우 민감하기 때문에 전력이 흐르는 예인 케이블이 전기 및 전자적, 기계적으로 안전하고 견고해야 한다. 또한 불규칙한 해저면상에서 끌거나, 해저면에 부딪힐 가능성, 다양한 조사선 속도의 변화 및 윈치에 감겨질 때 받는 저항 등에 안전하도록 설계되어야 한다. 상용화 된 제품들의 경우는 이미 이러한 요소들을 감안해서 제작되었으므로, 각 제작사별 운영 범위를 벗어나지 않는다면 큰 문제는 발생하지 않는다. 다만 선박의 속도, 예인되는 자력계의 개수, 조사선에서 자력계까지의 거리, 자력계의 무게에 의해 자력계의 깊이가 결정되게 되는데(그림 7-6, 7-7), 이를 잘 감안하여 예인되는 자력계가 해저면에 끌리거나 부유구조물에 의해 손상되지 않도록 주의해야 한다.

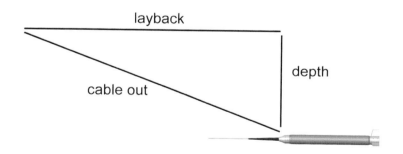

〈그림 7-6〉 케이블 길이에 따른 자력계의 깊이 계산 모식도

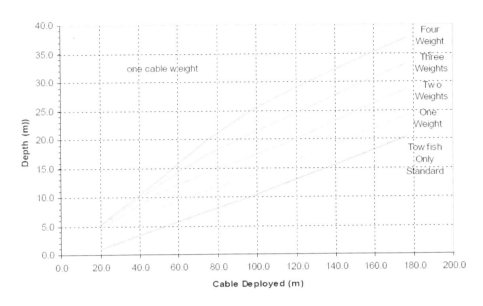

SeaSPY Depth Curves - 4kt Towing Speed

〈그림 7-7〉 Marine Magnetics사에서 제작한 SeaSPY 자력계의 예인 케이블 길이와 자력계 무게에 따른
자력계의 예측 깊이(Marine Magnetics사 제공)

2) **조사선에 의한 자기효과** - 조사선은 대부분 철 등의 자화물질로 이루어져 있기 때문에 큰 유도자화를 일으키며 특히 조사선 내 설치된 기관 및 전기, 전자적 장비에 의한 영향이 크게 작용한다. 따라서 이와 같은 조사선으로부터 유입되는 자장의 영향을 최소화하기 위해서는 되도록 자력계를 조사선으로부터 멀리 이격시키는 것이 좋으나, 앞서 설명한 바와 같이 예인 길이는 자력계의 깊이에 영향을 주기 때문에 가장 알맞은 예인 길이를 설정할 필요가 있다. 이러한 문제점에 있어서는 제작사 별로 일반적으로 조사 선박의 3배 이상의 예인 길이를 권장하고 있어 이에 따르면 된다.

3) **자력계의 위치 고려** - 자력계에 GPS센서가 부착되어 실제 측정자료에 위치값이 포함된다면 가장 좋은 방법이나, 현재 대부분의 해양자력탐사가 조사 선박의 위치를 기준으로 자력계의 위치를 파악하고 있다. 따라서 자력계의 정확한 위치를 파악하기 위해서는 측정 당시 앞서 언급한 예인 길이와 더불어 자력계의 깊이를 알고 있어야 한다. 또한 해양에서는 방향에 따른 조류 및 해류에 의해 자력계의 예인이 진행 방향에 비스듬해질 수 있기 때문에 이러한 영향도 고려해야 하며, 조사선이 회전할

때도 자력계의 위치는 계산된 값과 달라짐을 유의해야 한다.

4) 일변화에 대한 고려 - 앞서 언급한 바와 같이 지구 자기장에 영향을 끼치는 요소에
는 일변화가 있으며, 일반적으로 50nT 이내에서 자력계 값에 변화를 일으킨다. 일변
화는 조사해역의 탐사기간 동안 계속해서 영향을 주기 때문에 반드시 보정해주어야
하는 부분이다. 이를 해결하기 위해 탐사를 시작하기에 앞서 조사해역의 인근에 위
치하면서 주변에 다른 자기 영향이 적은 육지에 고정관측자력계를 설치하여 일변화
값을 측정한다(그림 7-8). 이는 해상에서의 자료측정 후 일변화 보정에 사용된다.

5) 주변 환경에 대한 고려 - 조사지역이 대양이나 육지로부터 먼 곳에 위치한다면 조사
선박을 제외한 주변 환경에 의한 영향을 고려할 필요가 없지만, 연안이나 항만에서
해양자력탐사를 수행할 시에는 항상 주변 환경에 의한 영향을 고려해야 한다. 특히
강자성을 띠는 항만구조물, 주변 선박, 교각, 양식장 및 그물의 앵커(anchor) 등은 측
정되는 지자기 값에 큰 영향을 끼친다.

〈그림 7-8〉 Marine Magnetics사의 고정관측자력계(Sentinel) 설치 장면

7.2.3 자료의 취득

자료의 취득을 위해서는 예인되는 자력계와 컨트롤 유닛 간의 통신이 원활하게 이루어져야 하며, 총자기 값에는 자료획득 시간과 좌표가 포함되어야 하기 때문에 GPS와의 연동을 시킨다. 이때 자력계의 자료는 연속적으로 받을 수도 있으나 일반적으로 GPS신호는 1초에 한 번씩 받는 형태이므로, 자력계의 샘플링도 보통 1초로 설정한다. 앞서 언급한 고려사항들에 유의하여 자료를 획득하며, 대부분의 해양자력계가 실시간으로 획득되는 지자기 값을 그래프로 보여주므로, 특이 사항이나 값의 이상이 나타나는 지점에서는 메모해두어야 한다. 아래의 자료취득과정은 Marine Magnetics사의 SeaSPY장비를 기준으로 해서 설명하였다.

1) **조사 측선 설정** - 조사목적에 따라 조사측선을 설정하게 되는데, 일반적으로 북반구에서는 남북방향으로 측선을 설정하는 게 좋다. 이는 이상체가 지구 자력선과 수평으로 자화됨으로 남북방향으로 자료를 획득해야 이상체의 자기 이상 값이 뚜렷하게 나타난다(그림 7-9). 조사측선 간격이 조밀할수록 전체 해상도는 좋아지나, 조사비용과 시간이 많이 소모되므로, 조사지역의 수심을 넘지 않는 범위 이내에서 탄력적으로 설정하는 게 좋다.

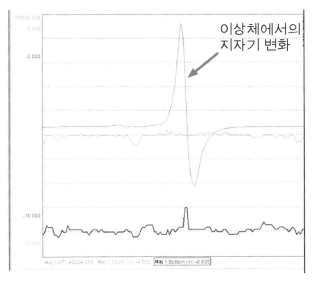

〈그림 7-9〉 이상체에서의 측정된 지자기 변화곡선

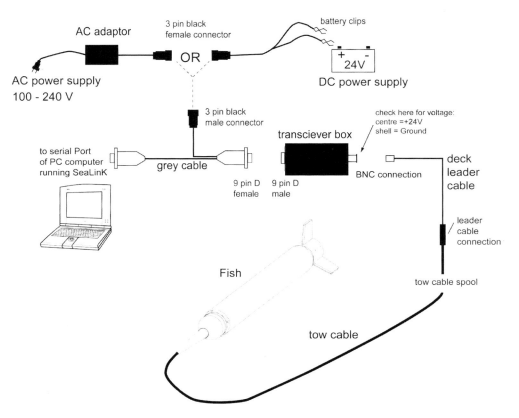

〈그림 7-10〉 Marine Magnetics사 SeaSPY 장비의 연결 모식도

2) **장비설치** - 자력계와 송수신기 사이에 케이블을 연결한 후 송수신기는 자료획득 프로그램이 설치된 컴퓨터와 연결(serial cable)한다(그림 7-10). DGPS 역시 컴퓨터와 연결하여 자료가 잘 들어오는지 확인한다. 자력계, DGPS, 컴퓨터에 공급되는 전원이 교류(AC) 전류인 경우는 전기적인 노이즈가 발생할 가능성이 크기 때문에 접지를 해주는 게 좋다. 장비의 연결이 완료되어도 자력계에는 전원을 공급하지 않는다. 이는 자력계의 센서가 매우 민감하므로 선박 내에서 자력계를 가동하게 되면 센서의 손상과 오작동을 발생시킬 수 있다.

3) **동기화(Synchronization)** - 앞에서 언급한 바와 같이 자력값은 자료획득 시간과 좌표가 포함되어야 하기 때문에 GPS와의 동기화가 필수적이다. 따라서 프로그램이 설치된 컴퓨터에서 GPS자료와 자력값의 획득시간을 1초 간격으로 하여 동기화

(synchronization)한다. 만일 GPS가 같은 컴퓨터와 연결되지 않아 동기화가 어려운 경우에는 정확한 시간을 기준으로 동기화하여 후처리 시 좌표값을 넣어줄 수 있다. Marine Magnetics사 SeaSPY 장비의 경우 GPS나 컴퓨터 시간으로 동기화되지 않으면 장비가 작동하지 않으므로 반드시 동기화가 되어야 한다.

4) **Sensor 투하** - 자력계(sensor)를 투하하여 케이블의 예인 길이를 선박 길이의 3배로 둔다. 그 후 자력계를 작동시켜 자력값이 GPS위치 자료와 잘 동기화되어 들어오는지 확인하고 자력값이 안정화될 때까지 기다린다.

5) **자료취득** - 앞에서 언급한 선박의 속도, 케이블 길이, 주변 고려 환경 등을 예의 주시하면서 자료를 취득한다(그림 7-11). 배의 속도는 가능한 일정해야 하며, 설정된 측선을 크게 벗어나지 않아야 한다. 배의 속도, 예인되는 케이블 길이, 자력계의 깊이를 이용해 조사선에서 자력계까지의 거리만큼을 GPS 자료에서 보정할 수 있도록 해준다(layback 설정). 간혹 지역에 따라 GPS신호가 일정 시간 끊어질 경우가 있으며,

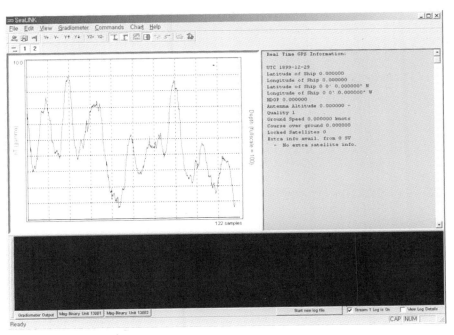

〈그림 7-11〉 Marine Magnetics사 SeaSPY 장비에 취득되는 자력값의 변화

이럴 경우 동기화가 되지 않아 자력계의 자료 취득 역시 중지되므로 항상 GPS신호가 양호한지 확인해야 한다.

7.3 자료처리

해양자력탐사는 그 목적에 따라 자료의 처리 및 보정 과정이 조금씩 다르나, 일반적으로 자료를 취득해서 보정하는 과정은 다음과 같다(그림 7-12).

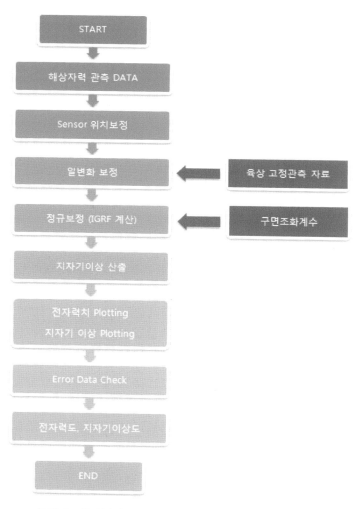

〈그림 7-12〉 일반적인 해상자력 자료처리 흐름도(국립해양조사원)

1) **자료의 취득** - 취득된 자료의 처리과정은 보다 양질의 자료를 만들어내기 위한 과정으로 매우 중요한 역할을 하지만, 일차적으로 현장 탐사 시에 좋은 자료를 획득하지 못한다면, 어떤 자료를 처리하더라도 만족할 만한 결과를 얻지 못할 수 있다. 따라서 자료취득 시 GIGO(Garbage in, Garbage out: 쓰레기를 넣으면 쓰레기가 나온다)를 명심하여 가장 최적의 자료를 취득할 수 있도록 하여야 한다.

2) **일변화 보정** - 앞서 언급한 일변화에 대한 보정을 위해 인접한 육지의 고정된 지점에서 실시간으로 측정한 자력계에서 일변화 값을 추출하여 조사지역에서 취득한 자료값에서 보정해준다. 이러한 방식이 어려운 상황이라면 최근접 자력 관측소에서 발행된 자력변화곡선(variometer curves)을 활용하거나, 일변화를 추적하기 위해 해양에서 임의의 점을 기준점으로 잡고, 1~2시간에 한 번씩 기준점에서 자력값을 측정하여 선형적으로 보정하는 방법을 이용해야 한다.

3) **교차 보정** - 해상중력탐사 자료에 나타난 교차오차를 최소화시키기 위해 Prince and Forsyth(1984)이 적용한 최소자승법을 이용하여 교차보정(crossover correction)을 실시한다. 최소자승법은 교차점을 포함하는 각 측선에서의 모든 측정값에 일정한 값을 빼거나 더하여 교차오차의 제곱의 합이 최소가 되도록 측선의 보정값을 결정하는 방법이다.

4) **정규 보정** - 지표면에서 지구 자기장을 측정하면 극에서 적도로 이동하며 위도에 따라 변화한다. 이러한 위도에 따른 변화는 예측가능하며 잘 알려진 값을 지구표준 자기장이라 한다. 이는 지표면의 임의의 한 점에서의 교란되지 않은 이론적인 지구 자기장 값으로 정의되며 국제표준지구자기장(international geomagnetic reference field: IGRF)으로 불린다. IGRF는 지구를 균일하게 자화된 회전타원체로 근사시키고 그것으로부터 생성된 자기장을 구면조화함수로 표시한 것으로 지구 내부의 주요 지자기장과 영년변화를 모두 포함하는 수학적 표현이다. 따라서 지표면에서 측정된 지자기 값에서 이 값을 소거한 것은 지각 내 분포하는 지질 암상이나 구조의 변화에 의한 자력값으로 간주할 수 있다. 물론 IGRF가 지자기장에 일치할 정도로 완전하게 표현한다고 할 수는 없지만, 가정된 모델은 지구의 도체에 분포하여 연속적으로 지자기장을 관측하고

있는 관측소의 실제 측정자료 및 위성에서 측정된 실측치들에 맞추어 일정한 기간에 한 번씩 수정함으로써 그 오차를 최소화하고 있다. 이 같은 모델의 계산을 위하여 전 세계적인 실측자료로부터 계산된 구면조화계수를 IAGA(International Association of Geomagnetism and Aeronomy)에서 매 5년마다 발표하고 있다. 따라서 자료획득 기간에 해당하는 IGRF개정계수를 이용하여 측정된 총지자기 값에서 해당 측점의 국제표준 지자기 값을 빼면 지자기 이상을 구할 수 있다. 최근에는 미국국립해양기상청(National Oceanic and Atmospheric Administration)의 국립지구물리자료센터(National Geophysical Data Center)와 같이 해당 측점의 국제표준 지자기 값을 바로 제공해주는 기관들이 있으므로, 직접 IGRF를 계산하지 않아도 된다.

7.4 자료해석

7.4.1 자료의 해석

해양자력탐사를 통해 자료를 취득하고 여러 보정의 과정을 거치면 총 지자기도(total magnetic intensity map)나 자기 이상도(magnetic anomaly map)를 작성할 수 있으며, 이를 지질학적으로 타당성 있고 조사목적에 맞게 해석해야 한다.

1) **광역적 탐사** - 광역적 해양자력탐사의 목적은 그 지역의 암석 및 암상, 지질구조 등을 파악하는데 그 목적이 있다. 따라서 중력탐사에서 사용되는 해석기법들을 많이 적용시켜 해석에 이용한다. 광역이상과 국지이상을 분리하고 2차 미분법을 적용하면 국지이상을 강조시키고 광역적인 경향을 제거하여 국지적인 특징들을 파악할 수 있다. 상향연속 작업은 천부기원의 이상치를 제거하여 기반암의 깊이를 파악하는데 유용하다. 반면 하향연속 작업은 천부기원의 이상치를 보다 뚜렷하게 하여 인접된 천부구조들을 파악하는 도움이 된다. 이외에 자력탐사자료를 정량적으로 해석하는데는 아래와 같은 기법들이 사용된다. 하지만 이와 같은 기법들은 궁극적으로 기반암 및 구조의 깊이와 범위를 파악하는데 목적이 있으므로, 해양에서는 정확한 수심자료와 퇴적물의 두께를 파악해야만 한다.

반 진폭법(half-maxium techiques) - 자기 이상체 중심까지의 깊이와 자기 이상의 최고치 및 이상곡선의 너비를 이용해 이상체의 깊이를 추정하는 방법으로, 이 상체를 구형으로 가정했을 때, 자기 이상치 최대값의 1/2이 이상치까지의 깊이가 된다.

경사법(slope method) - 자기 이상 곡선모양의 특성과 자기 이상체의 매몰 깊이를 대략 적으로 측정하는 방법이다.

컴퓨터 모델링(computer modeling) - 탐사지역에 관한 지질학적 지구물리학적 제한요수에 입각하여 지하모델을 설정하고, 그 모델에 의하여 계산된 이상치를 측정값과 비교하는 것이다. 이들 둘 사이에 만족할 만한 일치가 이루어질 때까지 반복하여 지하구조를 대변하는 모델을 찾는다.

2) **이상체 탐사** - 해저케이블, 해양구조물, 침몰선 등 이상체의 형태나 위치를 파악하기 위해 해양자력탐사를 수행했을 경우에는 해당 지역의 지역적 자력이상에서 이상체에 의한 자력이상을 찾아낼 수 있어야만 한다. 일반적으로 이상체의 자력이상은 기반암이나 지질구조에 의한 것보다 좁은 범위에서 강한 양과 음의 값으로 나타나기 때문에 존재의 파악은 비교적 쉽게 가능하다. 하지만 파악하고자 하는 목표를 정확히 진단하기 위해서는 해당 이상체의 대략적인 지자기 값을 알고 있어야 한다. 각 자력계 제작사에서는 대표적인 해양 이상체들의 특정 깊이에서의 자력값을 제시하고 있으므로 이를 참고하면 된다. 하지만 찾고자 하는 목표물의 크기와 존재할 수심은 언제든지 달라질 수 있으므로, 결론적으로 자료처리자의 경험에 의한 숙련도가 가장 중요시된다.

3) **열수광상 탐사** - 열수광상 탐사는 일반적으로 강한 양의 자기 이상을 주요 대상으로 하는 타 자력탐사와 달리 작은 자기 이상에 주목한다. 열수광상은 얕은 부존 수심, 황화물 형태의 금속결합, 단위 면적당 높은 금속함량(금, 은, 구리, 아연, 납) 등 개발에 유리한 여러 가지 장점을 갖추고 있어 가장 먼저 개발될 심해저 광물자원 집적지역으로 부각되고 있다. 이런 열수광상이 나타나는 곳은 대부분 중앙해령 부근에서 나타나며, 중앙해령은 용암이 해저면에 분출되면서 성장하게 되는데, 이때 분출된 용암이 해수에 의해 급격히 식게 되면, 용암 내 자성광물은 그 당시 지구 자기장에

의해서 자화된다. 특히 해저 상부 지각층은 풍부한 자성광물을 포함하여 전형적으로 강한 자기 이상을 나타낸다. 그러나 열수분출대에서 해양지각을 통과하는 열수유체는 자성을 잃게 되는 큐리 온도(Curie point) 이상의 높은 온도를 가지며 자성광물을 부식시키는 특징이 있기 때문에, 열수유체가 자성광물과 접촉하는 경우 자성광물들이 자성을 잃거나 혹은 낮은 자성을 가진 광물로 변질된다. 따라서 해양지각에서는 열수유체를 따라 국지적으로 낮은 자기 이상이 나타나게 되고, 이런 특성을 이용하여 자력탐사로 열수분출지역을 효과적으로 파악할 수 있다.

7.4.2 국내 해양자력탐사 기술

국내 자력탐사의 역사는 다른 지구물리탐사 기술에 비해 일찍 도입되어 이미 1918년부터 관측이 시작된 것으로 알려져 있다. 이와 같은 빠른 기술의 도입으로 육상에서의 자력탐사와 연구는 활발히 진행되어 국토 대부분에 대한 지자기 값과 자기 이상이 측정되어 도면으로 만들어졌다(그림 7-13). 하지만 해양에서의 자력탐사는 1980년대에 들어 겨우 시작되었으며, 본격적인 조사가 이루어진 것은 1990년대 후반이다. 현재는 국립해양조사원, 한국지질자원연구원, 한국해양연구원 등의 연구기관에서 해양자력계를 이용한 연구와 탐사를 활발하게 진행하고 있다. 국립해양조사원은 국가해양기본도 사업을 진행하면서 지자기전자력도(total magnetic intensity chart)와 자기 이상도(magnetic anomaly chart)를 간행하고 있다(그림 7-14, 7-15). 한국지질자원연구원 역시 해저지질도 사업을 수행함에 있어 해양자력탐사를 실시하여 해저 지자기 이상도를 발간하고 있다(그림 7-16, 7-17). 한국해양연구원은 열수광상 연구에 자력탐사를 유용하게 활용하고 있으며(그림 7-18), 한반도 인근해역에서의 광역 지구조 연구를 위해서도 해양자력탐사를 활용하고 있다(그림 7-19). 그 외 대학과 기업체에서는 해저 케이블, 해양구조물, 침몰선 등의 이상체 탐사에 자력탐사를 활용하고 있으나, 공개된 자료가 거의 없는 실정이다. 하지만 국내 해양자력계의 도입 숫자가 늘어나고 활용하는 사례가 늘어나는 점은 국내 해양자력탐사 기술의 발전에 크게 기여할 것으로 생각된다. 적은 비용으로 다양한 목적에 사용될 수 있는 해양자력탐사는 국내 기술력의 발달로 인해 보다 활용도가 커지고 지구물리탐사에서도 보다 중요한 위치를 차지할 것이 분명하다.

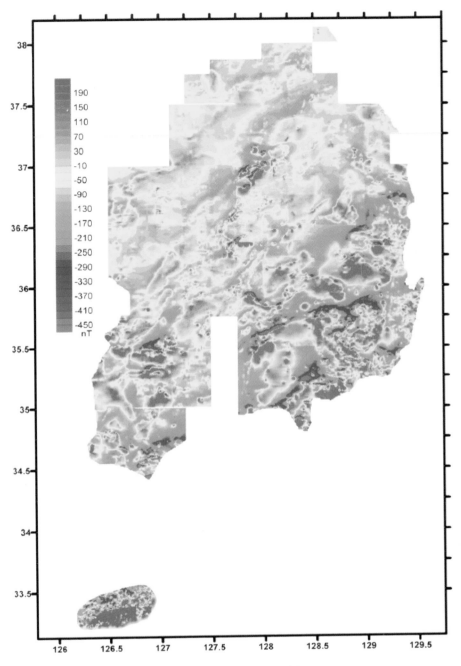

〈그림 7-13〉 한국의 자기 이상도

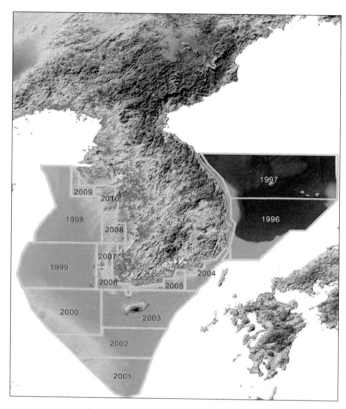

〈그림 7-14〉 국립해양조사원 조사 구역도

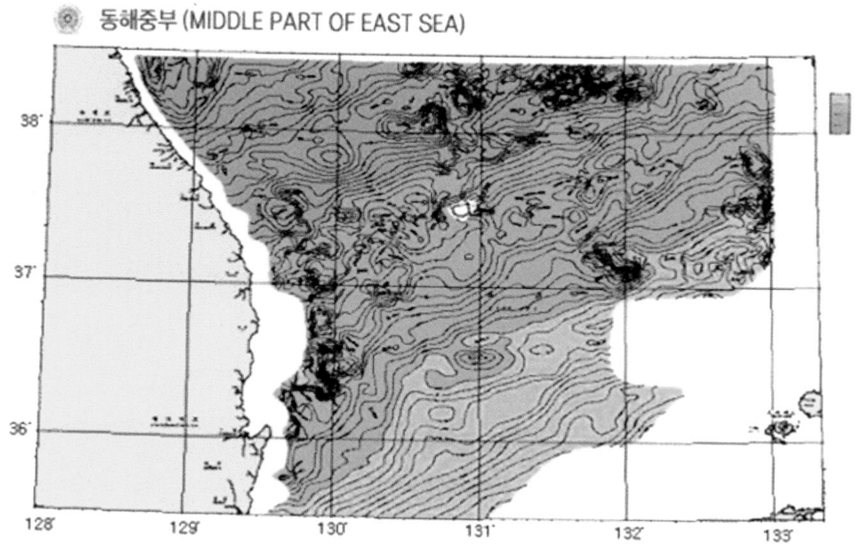

동해중부 (MIDDLE PART OF EAST SEA)

〈그림 7-15〉 국립해양조사원에서 간행하는 동해 중부 지자기 전자력도

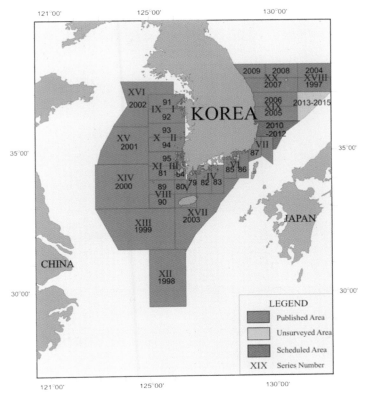

〈그림 7-16〉 한국지질자원연구원 해저지질도 조사 구역도

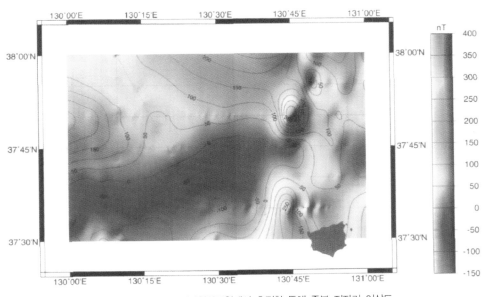

〈그림 7-17〉 한국지질자원연구원에서 측정한 동해 중부 지자기 이상도

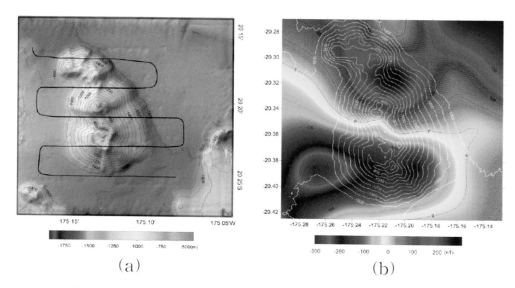

〈그림 7-18〉 (a) 통가 열수광산 지역의 TA 09 해산 해저지형 (b) 자기 이상도(김, 2010)

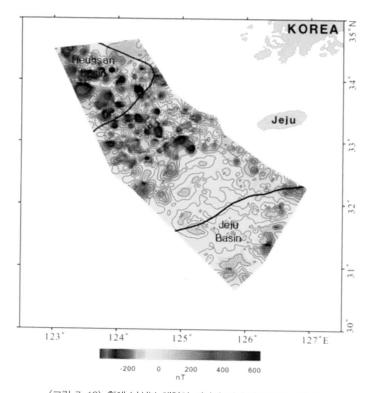

〈그림 7-19〉 황해 남서부 해역의 지자기 이상도(김과 박, 2010)

현장 탐사 계획

08

지금까지 해양지구물리탐사 방법들에 대해 알아보았다. 탐사목적에 따른 다양한 해양지구물리탐사 장비가 존재하고 탐사방법들이 있음을 알 수 있다. 하지만 실제현장에서 이러한 장비들을 이용해 어떻게 자료를 취득하는지에 대한 실무적인 내용에 대해서는 알 수 없었을 것이다. 따라서 이 장에서는 앞서 언급한 해양지구물리탐사 방법과 장비들을 이용해 실제로 현장에서 자료를 획득하기까지의 실무적인 내용을 다룰 것이다.

8.1 조사지역 선정

조사지역의 선정은 조사의 목적 및 필요성에 의해 결정되는 게 일반적이며, 아래에 대표적인 해양조사 목적에 따른 조사지역 선정방법이 설명되어 있다.

1) **해양구조물 건설, 해저 케이블 매설 등을 위한 탐사** - 이러한 목적에 의한 해양지구물리탐사의 경우에는 이미 대략적인 조사지역이 제시되게 된다. 제시된 조사지역 전체에 대한 해저정보와 그중 가장 적합하면서 경제성을 갖춘 지역을 찾아내는 게 탐사목적이라 할 수 있다. 따라서 1차적인 조사지역은 제시된 전체지역이 되지만 그 영역이 그렇게 넓지 않고 매우 자세한 해저정보를 제시해야 하기 때문에 조밀한 탐사 측선을 요구한다.

2) **지하자원 탐사** - 지하자원의 존재 여부를 파악하고 개발을 위한 목적으로 탐사를 실

시할 경우에는 우선 지하자원의 존재여부와 분포를 파악하는 게 중요하다. 따라서 1차 탐사에서는 조사지역을 광역적으로 선정한 후 비교적 넓은 측선 간격으로 조사가 이루어진다. 이후 가능성이 있는 세부지역을 선정한 후 2차 정밀조사를 실시한다. 정밀조사를 통해 지하자원의 존재여부를 확인하였다 하더라도 실제개발을 위해서는 경제성과 타당성 여부를 확인해야 하기 때문에 3차, 4차 정밀조사를 시행하는 게 일반적이다.

3) **이상체 탐사** - 해저면 또는 지층 내부의 이상체를 찾기 위한 탐사는 이상체의 정확한 위치를 모르기 때문에 조사지역을 비교적 넓게 설정한 후 조사가 이루어진다. 이상체 탐사도 마찬가지로 광역조사에서 가능성이 있는 지역들을 선별하여 2차 정밀조사를 시행한다.

4) **지질학적 Mapping** - 특정지역에 대한 지질학적 mapping을 목적으로 해양탐사를 실시할 경우에는 지역 전체에 대한 일정하고 방향성 있는 측선을 설정하게 된다. 이러한 탐사는 다른 목적의 탐사보다 일정한 간격과 직선의 측선이 요구되기 때문에 조사지역 설정 시 섬이나 해양구조물 등에 의한 영향을 고려하여야 한다.

5) **기타** - 위에서 언급한 목적 외에 특정지역에서의 학문적인 연구를 위한 탐사는 조사지역을 선별하는 데 있어 기존 자료들을 우선 활용하여야 한다. 기존 자료들을 통해 조사지역을 정확히 설정하고 측정방향 및 간격을 조절해야 비용과 시간을 줄이고 연구의 목적에 맞는 자료를 획득할 수 있다.

8.2 조사계획 수립

조사의 목적 및 필요성에 따라 조사지역이 선정되었으면 조사계획을 수립해야 한다. 해양에서의 조사는 조사선박을 이용하기 때문에 세밀한 조사계획을 수립하지 않으면 전체 조사비용이 크게 증가할 수 있을 뿐 아니라, 육상에서처럼 이동이 자유롭지 않기 때문에 철저한 준비가 필요하다.

1) **조사일정 검토** - 해양지구물리탐사에 앞서 가장 중요한 것은 언제 조사를 시작해서 언제 마치는가이다. 조사일수는 비용과 직결되므로 필요 이상으로 많아서도 안 되며, 처음부터 너무 짧은 기간으로 계획하여 필요한 자료를 다 얻지 못하면 더욱 낭패가 된다. 따라서 정확한 작업량을 따져 필요한 일수를 계산하고 예상치 못한 문제나 날씨 등을 고려하여 단기간의 조사에서는 1~3일, 장기간의 조사에서는 5~10일 정도의 여유를 두고 조사일수를 설정하는 게 바람직하다. 해양에서 지구물리탐사에 가장 큰 영향을 주는 부분이 날씨이기 때문에 날씨를 고려하여 조사일정을 설정해야 한다. 해상의 날씨가 매우 나쁜 경우에는 선박운행 자체가 되지 않으며, 선박운행이 가능한 날씨라 하더라도 강한 파도는 양질의 지구물리자료 획득을 어렵게 하기 때문에 해상 날씨를 고려한 일정조정이 매우 중요하다.

2) **조사선 일정확보** - 현재 우리나라에서 조사선으로 운행되는 선박이 많지 않기 때문에 조사지역과 조사일정이 정해졌으면 조사선의 일정확보가 필요하다. 조사선은 조사목적과 지역에 맞는 크기와 형태여야 한다. 조사지역이 좁은 연안이거나 측선 간격이 매우 조밀한 지역에서 톤수가 큰 조사선을 이용하는 것은 비용적인 문제나 선박운항 등에 맞지 않으며, 외해에서 장기간의 조사에 작은 크기의 조사선을 이용한다면 매우 위험한 상황에 놓일 수도 있다. 따라서 조사에 필요한 적절한 조사선을 확보하고 일정을 조율하는 게 조사계획 단계에서 매우 중요하다.

3) **조사측선 설정** - 조사측선은 조사목적과 조사지역에 따라 간격과 방향을 설정한다. 일반적으로 측선 간격은 밝히고자 하는 지하구조나 이상체보다 작아야 하며, 방향성은 조사지역의 특성에 맞추어 조절한다. 또한 사용되는 지구물리탐사장비의 특성과 수심을 고려해야 하는데(그림 8-1), 예를 들어 멀티빔이나 사이드스캔소나 같은 경우는 수심과 빔의 범위에 따라 측선 간격을 조절해야 한다. 따라서 측선설정을 위해서는 사용하게 될 탐사장비의 특성과 조사지역의 대략적인 수심을 파악하여 설정해야 한다. 조사측선을 설정할 때는 좌표체계 역시 중요하다. 측선설정 당시의 좌표체계와 탐사 시에 좌표체계가 다르다면 실제와는 전혀 다른 곳에서 자료를 획득할 우려가 있다.

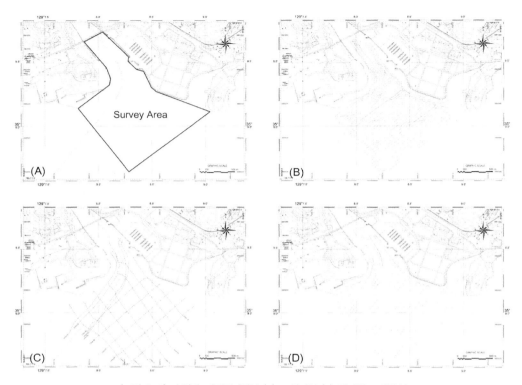

〈그림 8-1〉 수영만 지구물리탐사 (A) 조사지역 (B) 멀티빔 조사측선
(C) 고해상도 탄성파 조사측선(Chirp subbottom profiler와 Sparker) (D) 사이드스캔소나 조사측선

8.3 조사장비 선정

조사목적에 따라 가장 적합한 지구물리탐사 방법을 결정하고 그에 맞는 탐사장비를 선정해야 한다. 일반적으로 장비의 선정은 밝히고자 하는 대상의 종류와 심도, 해상력을 고려하여 결정하게 된다. 중력탐사와 자력탐사는 밝히고자 하는 값이 뚜렷하고 장비에 의해 심도와 해상력이 결정되는 것은 아니다. 반면 탄성파탐사는 장비의 주파수에 따라 투과심도와 해상력이 다르기 때문에 목적에 맞는 탐사장비의 선정이 필요하다. 예를 들어 인공어초 탐사나 해저 케이블 매설 등과 관련된 목적의 조사에서는 해저면의 분포형태와 그 아래 수m가 대상 심도가 되므로 다중채널음향측심기, 측면주사음향탐지기, 고주파지층탐사기가 주로 사용된다. 반면 지질적 연약 구조 파악이나 해양구조물 건설 등에는 저주파지층탐사기와 자력계가 필수적으로 사용된다. 또한 지형·지질학적 적지 선정, 해양자원탐사, 해양퇴적구조 파악 등과 같은 목적을 위해서는 다양한 해양탐사장비를 이용해 광

역조사와 정밀조사를 병합한 다각적인 접근이 필요하다(각 해양탐사 목적에 맞는 장비는 부록 8-1의 표를 참고).

8.4 탐사 전 고려사항

1) **안전** - 해양에서 지구물리탐사를 실시하기 위해서는 특히 안전에 유의해야 한다. 우선 해양이라는 특수한 환경에서 작업을 수행하기 때문에 선박 내가 아니라 갑판이나 선박 외부에서는 반드시 구명조끼와 작업화를 착용해야 한다. 또한 지구물리탐사에 이용되는 장비의 대부분이 매우 무겁기 때문에 항상 주의해야 한다. 스파커나 에어건의 경우는 각각 매우 높은 전압의 전기와 고압의 공기를 사용하기 때문에 항상 장비의 작동이 멈춘 것을 확인하고 안전도구를 착용한 후 조작해야 한다.

2) **조석** - 조석정보는 자료의 보정 및 선박의 운행과 관련이 있다. 특히 수심측량 및 멀티빔 조사와 같이 정밀한 수심이 요구되는 탐사의 경우 조석변화에 의한 수심보정은 반드시 필요한 과정이다. 또한 강한 조석이 존재하는 해역에서 조석방향의 수직으로 조사하게 되면 예인되는 음원이나 관측장비가 조사방향에 비스듬해지기 때문에 센서의 정확한 위치를 계산하여 보정해줘야 한다. 따라서 탐사 이전에 조사지역에서의 조석특성을 반드시 확인해야 한다. 그리고 탐사 후 국립해양조사원에서 제공하는 조사지역 인근의 관측소 자료를 이용하여 후 보정을 해줘야 한다.

3) **조사지역의 관련기관 협조** - 조사지역에 따라 다소 차이는 있으나 해당지역에서 탐사를 실시하려면 반드시 사전에 관련기관에 협조를 요청해야 한다. 특히, 선박의 운행이 잦은 만내나 연안에서는 4~6knots의 느린 속도로 이동하는 조사선이 다른 선박의 운행에 차질을 줄 수 있기 때문에 관할 해경에 사전에 협조문을 발송하여 협의를 해두어야 조사에 차질이 발생하지 않는다(해양조사관련 협조요청공문 예시는 부록 8-2 참조).

4) **각 케이블 연결부 및 장비 점검** - 해양에서 지구물리탐사를 실시하다 보면 예기치 못한 장비의 문제들이 발생하게 된다. 해양에서 조사 중 장비의 문제가 발생하면 조

사일정 안에 그 장비를 이용한 탐사를 수행하지 못할 가능성이 크다. 따라서 사전에 장비의 점검을 철저히 해야 하며, 대부분의 1차 원인이 각 장비의 케이블 연결부위에서 발생하므로 연결이 원활히 이루어졌는지 매번 확인해야 한다.

5) 노이즈 제거 - 해양지구물리탐사를 통해 획득되는 1차 신호들은 대부분 매우 미약한 크기이기 때문에 노이즈를 제거하지 않으면 양질의 자료를 얻을 수가 없다. 따라서 탐사를 수행하기에 앞서 기계적으로 발생하는 노이즈는 반드시 제거해야 한다. 가장 큰 노이즈는 각 장비에 들어가는 전기적 신호가 획득된 자료에 영향을 끼치는 경우로, 이는 접지를 통해 많은 부분을 해소할 수 있다. 이때 접지에 사용되는 케이블과 접지봉은 동이나 은과 같이 저항이 적은 물질로 구성되어 있는 게 좋으며 접지봉의 면적은 넓을수록 좋다.

6) GPS 동기화 - 탐사 전에 반드시 확인해야 하는 요소가 GPS의 동기화이다. 각 장비에 GPS정보가 정확히 들어가서 동기화가 되었는지 확인해야 한다. 물론 후처리를 통해 GPS정보를 획득한 자료와 병합시킬 수는 있지만 이럴 경우 불필요한 시간의 낭비와 경우에 따라서는 예기치 못한 어려움이 발생하기도 한다.

7) 조사선의 속도 - 해양지구물리탐사에서 조사선박의 운행속도는 자료의 질과 직결되므로 매우 중요하다. 각 장비의 특성에 맞게 운행속도를 조절해야 하며, 일반적인 경우 3~5knots의 속도가 적합하다.

8.5 현장 야장

해양지구물리탐사는 대부분 자료의 획득과 저장이 연속적으로 이루어지기 때문에 외부 영향이나 자료 획득 당시의 정보가 포함되어 있지 않다. 따라서 자료의 후 처리 시 보다 객관적인 처리 및 해석을 위해서는 자료획득 당시의 자세한 정보가 필요하다. 따라서 해양탐사 시에는 정확한 탐사정보를 야장에 기입해야 한다(야장 양식은 부록 8-3과 8-4 참조).

부록

〈부록 8-1〉 해양탐사 목적에 따른 사용 탐사 장비

주요조사목적	대상체 심도	그랩 또는 드레지	주상 시료 채취기	심부 시추	단일 음향 측심기	다중 채널 음향 측심기	측면주사 음향 탐지기	고주파 지층 탐사기	저주파 지층 탐사기	자력계	참 고
						탐사 장비					
지형·지질학적 관점에서 적지 선정	해저면-지하 100m 이내	△	○	◎	○	◎	○	◎	○	○	광역조사와 정밀조사를 포함한 다각적인 접근이 필요
지질적 연약 구조 유무 파악	해저면-지하 200m 이내		○	○	○	△	○	○	◎		
퇴적물 물성 정밀 파악	해저면-지하 10m 이내	○	○				○	○			
해양 구조물 건설 예비 조사	해저면-지하 50m 이내	△	○	△	○	◎	○	◎	○	○	육상과 연계된 조사가 필요
해양 구조물 사후 관리	해저면-지하 20m 이내	△				◎	◎		△		
인공어초 설치 적지 조사	해저면-지하 5m 이내	△				◎	○		○		연약지반에 의한 인공어초의 침하 방지
인공어초 사후 관리 조사	해저면		○		○		○	○			인공어초 분포 파악
해사 채취 최적지 선정 및 사후 평가	해저면-지하 50m 이내	○	○		○	◎	○	○	△		해사 매장량 파악
해저케이블 매설 최적지 선정 및 관리	해저면-지하 20m 이내		○			◎	○	○	○	△	안정성과 경제성을 고려
해양 문화재 지표 조사	해저면-지하 10m 이내					◎	◎	○	○	◎	
해양자원탐사	해저면-지하 수km			◎		△	△	○	○	◎	다중채널 음파 탐사법 적용
해양 퇴적 구조 파악	해저면-지하 수km		○	△		△	○	○	○	◎	다중채널 음파 탐사법 적용
퇴적물 거동 및 분포 조사	해저면-지하 50m 이내	○	○				○	◎	△	○	광역적 조사가 필요
해안선의 역학적 변화 파악	해저면					◎	○			○	지속적인 모니터링 필요

◎ 필수 장비, ○ 부가적인 장비, △ 조건에 따라 적용 가능한 장비

〈부록 8-2〉 해양조사 관련 협조 요청 공문 예시

조사 기관명

수신자　　인천지방해양경찰서 해상안전과 (예시)
(경유)
제　목　　해양조사 관련 협조요청

---

1. 귀 서의 무궁한 발전을 기원합니다.

2. (조사목적)에 따른 해양조사를 수행함에 있어 해양조사 수행 통보 및 조사 관련(조사 선박 출입항, 운항 등) 협조를 부탁드리오니 업무에 참고하시기 바랍니다.

- 아래 -

1) 조사목적: (　　　　　　　　　　　)
2) 조사선박: (　　　　　　　　　　　)
3) 조사기간: (　　　　　　　　　　　)
4) 조사구역: (　　　　　　　　　　　)(조사구역도 참조)

첨부서류 1. 조사 계획서 1부
2. 선적증서 1부
3. 조사구역도 1부. 끝.

담당자　　(이름)　　　　책임자　　(이름)　　　서명/인
협조자

시행　　　(조사기관)　　　　(날짜)

우　　　　　(주소)

전화　(전화번호)　　　　팩스　(팩스번호)

〈부록 8-3〉 주상 시료 채취 야장

FIELD NOTE

AREA:

DATE:

NO.

TIME	STATION NO.	GPS		WATER DEPTH(m)	CORE LEN.(cm)	REMARK
		LAT.(N)	LON.(E)			

〈부록 8-4〉 지구물리탐사 야장

FIELD NOTE

AREA:

DATE:

NO.

Date (mm/dd/tt)	File	Navi.	Direction	Chirp (*.XTF)		Sparker		FTP (to note book)	비고	확인자
				(*.SEGY)	(*.SU)	(*.SEGY)	(*.SU)			

용어해설

고화작용(Lithification) 퇴적물이 굳어져서 퇴적암으로 변하는 과정으로 속성작용 (diagenesis)이라고도 한다. 압력에 의해 다져지는 작용과 교결작용에 의해 이루어짐.

다짐작용(Compaction) 퇴적물이 지하 깊은 곳에서 큰 압력을 받거나 자체 하중에 의해 퇴적물의 부피가 줄어드는 작용을 말하며, 압축 작용이라고도 함.

망간단괴(Manganese nodule) 심해저에 깔려 있는 망간을 주성분으로 하는 구상·판상의 집적물로서, 수산화제이철을 수반하는 이산화망간의 단괴상 침전물을 말하며, 심해저 퇴적물 속에 널리 분포한다. 조개껍데기, 산호, 상어의 이빨, 암석 골편 등을 핵으로 하여 성장. 흑갈색이며 비결정질이고 철, 규산, 망간, 수분이 주성분. 성장속도는 1000년에 0.01~1mm 정도이며, 원양성 퇴적물의 퇴적속도보다 성장속도가 느린데도 해저에 노출되는 경우가 많음. 해저에 망간단괴가 있다는 것은 챌린저호의 심해탐사 결과 밝혀졌으며, 남서태평양에 1조t에 이르는 망간단괴가 있을 것으로 추정.

분급도(degree of sorting) 퇴적물의 입도분포 범위와 그 분산정도를 표현한 것으로, 입도의 분산정도는 통계적으로 표시. 입도분포의 범위가 큰 것일수록 분급도는 낮음.

선박의 용골(keel) 선저의 선체 중심선을 따라 선수재로부터 선미 골재까지 종통하는 부재로, 마치 우리 몸의 척추와 같은 역할. 건조 독(dry dock)에 들어갈 때나 좌초시에 선체가 받는 국부적인 외력이나 마멸로부터 선체를 보호하는 역할. 용골은 형상에 따라 방형 용골(bar keel)과 평판 용골(flat keel)로 나뉨.

신호대잡음비(S/N ratio) - 신호의 크기(결함 에코의 높이)와 잡음(임상 에코 포함) 크기의 비. 이 값이 크면 신호 해석에 유리하므로 신호 대 잡음비를 높이는 방법으로 자료 처리. 즉, 이 값이 클수록 탄성파 자료의 해상도가 높아지며 양질의 자료를 획득할 수 있음.

스톡스의 법칙(Stokes' law) 수층에서 입자의 침저 속도는 입자의 크기와 밀도에 의해 결정된다는 법칙. 입자가 크고, 밀도가 높을수록 침전 속도가 증가.

$$W=CD^2$$

W = 입자의 침전속도(cm/sec), D = 입자의 직경(cm), C = 상수 2.66×10^4
이 법칙은 세립모래보다 더 작은 입자(<1/4 mm)의 크기에 적용.

왜도(skewness) 곡선의 대칭으로부터의 편향을 나타낸 것이고, 입자들의 모집단에서 세립물질(fine fraction)과 조립물질(oarse fraction)의 존재와 부재를 민감하게 나타냄. 주로 퇴적침전물(deposion of sediments)을 해석하는 데 사용.

이력(almanac) 시간단위를 정할 때 주로 달과 같은 천체의 주기적 현상을 기본으로 날짜의 순서를 매겨나가는 방법.

음향 기반암(acoustic basement) 탄성파를 이용하여 지층을 탐사할 때, 탄성파의 자료를 획득할 수 없는 것으로 생각되는 지각 내부의 기반을 이루고 있는 암반.

음향 임피던스(acoustic impedence) 음파가 무한히 넓은 매질 속을 전파할 때 음원에서 충분히 떨어진 곳에서는 평면파가 되는데, 평면파에서는 음압과 입자속도가 항상 비례하고 위상이 일치. 매질의 밀도 ρ와 그 매질 속의 소리의 전파속도 V와의 곱 (Vρ)을 음향 임피던스라 정의.

의사거리(pseudorange) 일반적으로 GPS에서 사용하는 방식으로, 위성과 지구에 존재하는 GPS 수신기 사이의 대략적인 거리를 의미. 위성과 GPS 수신기 사이에 시간오차에 해당하는 어느 정도의 오차가 있다는 것을 표현.

자기모멘트(magnetic moment) 자기장에서 자극의 세기와 N, S 양극 간 길이의 곱. 방향은 S극에서 N극이며, 자석의 세기를 나타낼 때 사용. 자기모멘트가 발생하는 경우는 3가지로, 흐르는 전류가 만드는 것, 외부 자기장 안에 놓인 자석 또는 전류회로에 의한 것, 원자핵 주위를 도는 전자에 의한 것.

자기이상(magnetic anomaly) 지구 자기장의 평균 강도(주로 위도의 함수)로부터의 편차. 1950년대 이후 광범위한 해저탐사가 실시되어 밝혀진 것으로서 중앙해령으로부터 양측에 거울상 대칭으로 +이상대와 -이상대가 분포.

자기자오선(magnetic meridian) 지구 위에서 자기장의 수평 자기력의 방향을 나타내는 선. 자유로이 회전할 수 있도록 달아 놓은 자침이 지구의 중력을 뺀 지구 자기 이외의 힘을 받지 않고 정지할 때에 자침의 수직면과 지구 표면과 만나는 선.

첨도(kurtosis) 첨도는 표준정규분포(standard deviation)에 대해서 상대적으로 얼마나 날카로운가 혹은 얼마나 평평한가를 표시하는 것으로 왜도와 함께 퇴적물의 환경을 해석하는 데 사용.

최소자승법(least squares method) 많은 측정값으로부터 가장 정확한 값에 가까운 값을 구하는 방법의 하나로서 오차의 제곱의 합이 가장 작도록 정하는 방법.

쿨롱의 법칙(Coulomb's law) 2개의 점전하 사이에 적용하는 힘의 법칙. 두 점전하 사이의 상호 작용력의 크기는 전하들의 곱에 비례하고, 그들 사이의 거리의 제곱에 반비례. 아래의 식으로 나타내며,

$$F = k\frac{Q_1 Q_2}{r^2}$$

F: 전기력, Q: 전하량, r: 전하 사이의 거리, k: 비례상수

퀴리 온도(Curie point) 물질이 자성을 잃는 온도로서 원자의 열에너지가 자기 모멘트의 결합 에너지와 일치하는 온도. 대부분 암석의 퀴리 온도는 550℃ 정도로 지각 내 30~40km의 깊이에서 이 온도에 이르게 됨. 프랑스의 물리학자 Pierre Joliot Curie(1859~1906)에서 유래.

후방산란(backscattering data) 한 매질에 입사되는 광 방향의 반대 방향으로 산란하는 광 현상으로 매질의 종류, 매질 내의 부유입자들의 크기에 따라 다름. 현재 사용되고 있는 대부분의 능동 소나는 단상태 소나(monostatic sonar)이므로, 이 경우 잔향을 일으키는 후방산란은 매우 중요하며, 해양에서는 발생원에 따라 체적 후방산란, 해표면 후방산란, 해저 후방산란 등으로 구별.

참고문헌

강효진 · 김대철 · 이동섭 · 이상룡 · 이재철 · 정익교 · 허성회(2002), 『해양학』, 시그마프레스, p.537. Oceanography 3rd ed. by Tom Garrison, Thomson Learning.

김길영 · 김대철(2001), 「동해 울릉분지 미고결퇴적물의 속도비등방성」, 『한국음향학회지』, 20: 87~93.

김대철 · 김길영 · 서영교 · 하덕호 · 하인철 · 윤영석 · 김정창(1999), 「해양퇴적물의 자동음파전달속도 측정장치」, 『한국해양학회지』, 4, 400~404.

김창환(2010), 「통가 열수광상 지역의 해상 및 심해 지자기 조사 연구」, 『한국지구과학회 2010년 추계 학술 발표지』, 124~127.

김창환 · 박찬홍(2010), 「중력 및 자력자료를 이용한 황해 남서부해역의 지구물리학적 특성 및 광역 지구조 연구」, 『한국지구과학지』, 31(3), 214~224.

서영교 · 김대철 · 박수철(2001), 「가스함유퇴적물에서의 음파전달속도 및 전기비저항 특성: 한국남동 해역 이토대 퇴적물의 분석결과」, 『한국해양학회지』, 249~258.

이광수, 「진해만 가스함유 퇴적물의 퇴적환경 및 음향특성」, 부경대학교 대학원 석사학위논문, p.94.

이상룡 · 강효진 · 김대철 · 이동섭 · 이재철 · 정익교 · 허성회(2006), 『해양의 이해』, 시그마프레스, p.389. Essentials of Oceanography 3rd ed. by Tom Garrison, Thomson Learning.

Barry, M. F., Timothy, J. K. Frank, R., 2004. On-site geologic core analysis using a portable X-ray computed tomographic system. Lawrence Berkeley National Laboratory, University of California,

Bassinot, F. C. 1993. Sonostratigraphy of tropical Indian Ocean giant piston cores: Toward a rapid and high resolution tool for tracking dissolution cycles in Pleistocene sediments. Earth Planet. Sci. Lett., 120, 327~344.

Biot, A. A., 1956a. Theory of propagation of elastic waves in a fluid-saturated porous solid. II. Higher frequency range. Journal of the Acoustical Society of America, 28: 179~191.

Biot, A. A., 1956b. Theory of wave propagation of elastic waves in a fluid-saturated porous solid. I. Low-frequency range. Journal of the Acoustical Society of America, 28: 168~178.

Boyce, R. E., 1976. Sound velocity-density parameters of sediments and rocks from DSDP sites 315-318 on the Line Islands, Manihiki Plateau, and Tuamotu Ridge in the Pacific Oean. Initial Rep., Deep Sea Drilling Project 33, 695~728.

Breitzke, M., Grobe, H., Kuhn, G., and Muller, P., 1996. Full waveform ultrasonic transmission seismograms-a fast new method for the determination of physical and sedimentological parameters in marine sediment cores. Journal of Geological Research, 101, 22123~22141.

Carman, P. C., 1956. Flow of gases through porous media. Butterworth Scientific Publications. London, p.182.

Gassmann, F., 1951. Uber die eastizitat poroser mdien, "Bierteljahrschr. Naturforsch. Ges., Zurich, 96, 1~23.

Chough, S. K., Lee, S. H., Kim, J. W., Park, S. C., Yoo, D. G., Han, H. S., Yoon, S. H. Oh, S. B. Kim, Y. B., Back, G. G., 1997. Chirp(2-7 kHz) echo characters in the Ulleung Basin. Geoscience Journal, 1(3), 143~153.

Chough, S. K., Kim, J. W., Lee, S. H., Shinn, Y. J., Jin, J. H., Suh, M. C. and Lee, J. S., 2002. High-resolution acoustic characteristics of epicontinental sea deposits, central-eastern Yellow Sea. Marine Geology, 188, 317~331.

Grim, R. E., 1962. Applied clay mineralogy, McGraw-Hill, New York, p.422.

Hamilton, E. L., 1970. Sound velocity and related properties of marine sediments, North Pacific, J. Geophys. Res., 75, 4423~4446.

Hovem, J. M., and Ingram, G. D., 1979. Viscous attenuation of sound in saturated sand. Journal of the Acoustical Society of America, 66: 1807~1812.

Johnson, G. R., and Olhoeft, G. R., 1984. Density of rocks and minerals. In: CRC Handbook of physical properties of rocks (Vol. 3), edited by Carmichael, R. S., Boca Raton, FL(CRC press Inc.), 1~38.

Kennett, J., 1982. Marine Geology, p.813. Prentice-Hall Inc.

Kim, G. Y., Yoon, H. J. Kim, J. W., Kim, E. C., Khim, B. K., and Kim, S. Y., 2007. The effects of microstructure on shear properties of shallow marine sediments. Marine Georesources & Geotechnology, 25, 37~51.

Krumbein, W. C., 1934. Size frequency distributions of sediments. J. Sed. Petrol., 4, 65-7.

Ocean Drilling Program, 1988. Handbook for shipboard sedimentologists. Technical Notes No. 8.

Ocean Drilling Program, 1988. Handbook for shipboard sedimentologists. Texas A&M University, Technical note No. 8. p.67.

Olhofet, G. R., 1980. Initial reports of the petrophysical laboratory: 1977-1979 Addendum. U.S. Geol. Survey Open File Rept., 80~522.

Olson, P. and Aurnou J., 1999. A polar vortex in the Earth's core. Nature, 402, 170-173.

Prince, R. A. and Forsyth, D. W.,1984. A simple objective method for minimizing cross-over errors in marine gravity data. Geophysics, 49, 1070~1083.

Schopper, J. R., 1982. Permeability of rocks. In: Hellwege, K. H. (ed), Landolt-Bornstein. Numerical data and functional relationships in science and technology, Group V: Geophysics and Space Research 1. Physical properties of rocks, subvol. a, Springer, Berlin, pp.278-303.

Sears, F. M., and Bonner, B. P., 1981. Ultrasonic attenuation measurements by spectral ratio utilizing signal processing techniques. IEEE Transactions on Geoscience and Remote Sensing GE-19: 95~99.

Shepard, F. P., 1954. Nomenclature based on sand-silt-clay ratios: Journal Sedimentary Petrology, 24, 151~158.

Shipboard Scientific Party, 2000. Leg 186 summary. In sacks, I. S., Suyehiro, K., Action, G. D., et al., Proc. ODP, Init. Repts., 186: College Station TX (Ocean Drilling Program), 1~37.

Stoll, R. D., 1974. Acoustic waves in saturated sediments. In: Hampton, L. (ed) Physics of sound in marine sediments. Plenum Press, NY, pp.19-39.

Stoll, R. D., 1977. Acoustic waves in ocean sediments. Geophysics, 42: 715~725.

Stoll, R. D., 1989. Sediment acoustics. Springer Verlag, Berlin, p.149.

Toksoz, M. N., Johnston, D. H., and Timur, A., 1979. Attenuation of seismic waves in dry and saturated rocks: I, Laboratory measurements. Geophysics 44, 671~690.

Trugillo, A. P., and H. V. Thurman, 2010. Essentials of Oceanography 10th ed. p.551. Prentice Hall.

Udden, J. A., 1914. Mechanical composition of some clastic sediments. Publs. of the Augustana Library, No. 1. USA.

Wadell, H., 1932. Volume, shape, and roundness of rock-particles. J. Geol., 40, 443~451.

Weber, M. E., Niessen, F., Kuhn, G., and Wiedicke, M., 1997. Calibration and application of marine sedimentary physical properties using a multi-sensor core logger. Mar. Geol., 136, 151~172.

Wentworth, C. K., 1919. A laboratory and field study of cobble abrasion. J. Geol., 27, 507~521.

Wentworth, C. K., 1922. A scale of grade and class terms for clastic sediments. J. Geol., 30, 377~392.

Wood, A. B., 1946. A textbook of sound. G. Bell and Sons, London, p.578.

감사의 글

본 저서의 출판을 위하여 귀중한 자료를 제공한 지마텍(주) 임직원에게 감사를 표합니다. 본문 내용 교정을 위하여 수고한 부경대학교 에너지자원공학과 퇴적물음향학실험실 구성원들에게도 감사의 말씀을 전합니다. 또한 일부 자료획득 및 현장조사 사진촬영에 도움을 준 부경대학교 해양조사선 '탐양호' 직원들께도 고마움을 전합니다.

고해상도 탄성파 자료 일부는 국토해양부 국가R&D사업인 "한국 관할해역 지체구조 및 해양지질조사"(주관연구기관: 한국해양연구원)의 지원에 의한 것임을 밝힙니다.

저자약력

김대철
이학박사, 하와이대학교 지질 및 지구물리학과
부경대학교 에너지자원공학과 교수
전) 부경대학교 환경해양대학장
      한국해양학회장
      국가과학기술위원회 해양분야 전문위원(위원장) 역임
연구분야: 해양 퇴적물 음향학

김길영
이학박사, 부경대학교 응용지질학과
한국지질지원연구원 석유해저연구본부 책임연구원
전) 미국 해군연구소 박사 후 연구원
      한국해양대학교 연구교수
      부경대학교 겸임교수
연구분야: 퇴적물 물성 및 물리검층

서영교
이학박사, 부경대학교 응용지질학과
지마텍(주) 대표이사
고용노동부 국가기술자격 정책심의위원회 위원
부경대학교 에너지자원공학과 겸임교수
전) 전남대학교, 한국해양대학교, 부경대학교 시간강사
연구분야: 해양지질, 해양측량 및 탐사, 해양에너지

이광수
공학박사, 부경대학교 에너지자원공학과
부경대학교 해양과학공동연구소 연구원
IODP 승선과학자
연구분야: 해양 지구물리탐사 및 천부 탄성파 층서해석

실무자를 위한
고해상
해양 지구물리탐사

초판인쇄 | 2012년 3월 9일
초판발행 | 2012년 3월 9일

지 은 이 | 김대철 · 김길영 · 서영교 · 이광수
펴 낸 이 | 채종준
펴 낸 곳 | 한국학술정보㈜
주   소 | 경기도 파주시 문발동 파주출판문화정보산업단지 513-5
전   화 | 031) 908-3181(대표)
팩   스 | 031) 908-3189
홈페이지 | http://ebook.kstudy.com
E-mail | 출판사업부 publish@kstudy.com
등   록 | 제일산-115호(2000. 6. 19)

ISBN   978-89-268-3186-1 93460 (Paper Book)
        978-89-268-3187-8 98460 (e-Book)